T0129969

Fetthenne, Moderlieschen, Warzenbeißer

Christian Reinbold

Fetthenne, Moderlieschen, Warzenbeißer

Denk- und Ratespaß für Biologen

Christian Reinbold
Nauheim, Deutschland

ISBN 978-3-662-52816-7   ISBN 978-3-662-52817-4 (eBook)
DOI 10.1007/978-3-662-52817-4

Die Deutsche Nationalbibliothek verzeichnet diese Publikation in der Deutschen Nationalbibliografie;
detaillierte bibliografische Daten sind im Internet über http://dnb.d-nb.de abrufbar.

Springer Spektrum
© Springer-Verlag Berlin Heidelberg 2016
Das Werk einschließlich aller seiner Teile ist urheberrechtlich geschützt. Jede Verwertung, die nicht ausdrück-
lich vom Urheberrechtsgesetz zugelassen ist, bedarf der vorherigen Zustimmung des Verlags. Das gilt insbeson-
dere für Vervielfältigungen, Bearbeitungen, Übersetzungen, Mikroverfilmungen und die Einspeicherung und
Verarbeitung in elektronischen Systemen.
Die Wiedergabe von Gebrauchsnamen, Handelsnamen, Warenbezeichnungen usw. in diesem Werk berechtigt
auch ohne besondere Kennzeichnung nicht zu der Annahme, dass solche Namen im Sinne der Warenzeichen-
und Markenschutz-Gesetzgebung als frei zu betrachten wären und daher von jedermann benutzt werden
dürften.
Der Verlag, die Autoren und die Herausgeber gehen davon aus, dass die Angaben und Informationen in diesem
Werk zum Zeitpunkt der Veröffentlichung vollständig und korrekt sind. Weder der Verlag, noch die Autoren
oder die Herausgeber übernehmen, ausdrücklich oder implizit, Gewähr für den Inhalt des Werkes, etwaige
Fehler oder Äußerungen.

Planung: Kaja Rosenbaum

Gedruckt auf säurefreiem und chlorfrei gebleichtem Papier

Springer Spektrum ist Teil von Springer Nature
Die eingetragene Gesellschaft ist Springer-Verlag GmbH Berlin Heidelberg
Die Anschrift der Gesellschaft ist: Heidelberger Platz 3, 14197 Berlin, Germany

Vorwort

Aus der gelegentlichen Erstellung von Rätseln für die Facebook-Seite von Springer Spektrum Biologie entstand die schöne Idee, eine ganze Rätselsammlung zu konzipieren. Mit der Veröffentlichung dieses Buches ist auch der Wunsch verbunden, noch mehr Menschen durch das Knobeln an den Rätseln die Freude an der Biologie zu vermitteln.

Gefällt Ihnen das Buch? Was können wir verbessern? Welche Rätselsorten würden Sie gern wiedersehen und welche lieber nicht? Schicken Sie uns Ihr Lob, aber auch konstruktive Kritik und Anregungen an: springerraetsel@yahoo.com.

Nauheim im Mai 2016   Christian Reinbold

Inhaltsverzeichnis

1

Kuriose Artnamen 1 (Hälftenrätsel)

© andiz275 / Fotolia

Manche Lebewesen haben wirklich außergewöhnliche Namen! Kombiniere je zwei Türklingel-Hälften miteinander und finde heraus, wie diese Pflanzen und Pilze heißen. Gut, in Wirklichkeit haben sie wohl keine Haustüren, die Lebewesen selbst gibt es aber. ☺

1 Schwiegermutter-

A -nase

2 Säufer-

B -trost

3 Schach-

C -blume

D -treu

4 Guter

E -zunge

5 Männer-

F Heinrich

6 Augen-

1. _____ 4. _____

2. _____ 5. _____

3. _____ 6. _____

Du kennst weitere kuriose Tier- und Pflanzennamen? Her damit! Schicke sie uns gerne an springerraetsel@yahoo.com.

© Springer-Verlag Berlin Heidelberg 2016
C. Reinbold, *Fetthenne, Moderlieschen, Warzenbeißer*,
DOI 10.1007/978-3-662-52817-4_1

2

Bio querbeet: vom Fisch zur Schnecke (Buchstaben-Anzahl)

Trage die passenden Begriffe zu den folgenden acht Definitionen in das Raster ein. Die Buchstabenanzahl eines gefundenen Begriffs verrät dir, welcher Lösungsbuchstabe unten einzutragen ist (siehe Buchstabenschlüssel). Zum Beispiel „Ulna": 4 Buchstaben, ergibt also ein M.

© Enter / Fotolia

Definitionen

(a) Atemorgan der Knochenfische, (b) Elle (lat.), (c) vorderer Körperabschnitt der Spinnentiere, (d) aus drei Nucleotiden bestehender Abschnitt der mRNA, welcher für eine Aminosäure codiert, (e) Abkürzung für „Humanes Immundefizienz-Virus", (f) Zunge der Weinbergschnecke, (g) gleichmäßige Verteilung von Teilchen im Raum aufgrund deren Eigenbewegung, (h) pflanzliches Organ, welches die Samen bis zur Reifen umschließt und dann zu ihrer Ausbreitung dient

Buchstaben-Schlüssel

3 Buchstaben = **D**,
4 Buchstaben = **M**,
5 Buchstaben = **G**,
6 Buchstaben = **A**,
7 Buchstaben = **Y**,
9 Buchstaben = **L**

	(a)	(b)	(c)	(d)	(e)	(f)	(g)	(h)	
		U							1
		L							2
		N							3
		A							4
		✕							5
		✕							6
		✕							7
		✕							8
		✕							9
Anzahl der Buchstaben		4							
	⇩	⇩	⇩	⇩	⇩	⇩	⇩	⇩	
Lösung		M							

© Springer-Verlag Berlin Heidelberg 2016
C. Reinbold, *Fetthenne, Moderlieschen, Warzenbeißer*,
DOI 10.1007/978-3-662-52817-4_2

3

Kleiner Geschichtsexkurs (Gitterrätsel)

© Brian Jackson / Fotolia

Trage die gesuchten Begriffe in das Gitter ein. Die Buchstaben in den grauen Feldern ergeben – von oben nach unten gelesen – das Lösungswort.

(1) schwefelhaltige Aminosäure
(2) Welche britische Verhaltensforscherin wurde Anfang April 2014 80 Jahre alt, befasste sich mit dem Verhalten von Schimpansen und wurde für ihr Lebenswerk mit dem Verdienstorden „Dame Commander" ausgezeichnet?
(3) Welcher Wissenschaftler entdeckte 1928 das Penicillin?
(4) Wie lautet die wissenschaftliche Bezeichnung für die Nesseltiere?
(5) Was wird auch als „Sicherheitsschaltung des Nervensystems" bezeichnet?
(6) Wie heißt die biologische Disziplin, die sich mit den Tieren beschäftigt?
(7) Für welchen Pionier der Verhaltensforschung gehörten Graugänse zu seinen wohl bekanntesten Forschungsobjekten?
(8) Buchstabensalat: YCPOLTHYM. Gesucht ist ein Bestandteil des menschlichen Immunsystems.

Lösung: _____

© Springer-Verlag Berlin Heidelberg 2016
C. Reinbold, *Fetthenne, Moderlieschen, Warzenbeißer*,
DOI 10.1007/978-3-662-52817-4_3

4

Bio-Sudoku 1

© wusuowei / Fotolia

Ein Buchstaben-Sudoku wird wie ein gewöhnliches Sudoku gelöst. Der Unterschied: Statt mit den sonst verwendeten Zahlen von 1 bis 9 wird dieses Rätsel mit folgenden neun Buchstaben ausgefüllt:

C – L – M – R – E – S – U – H – N

		C	H	L	N	1	S	U
5				U				E
U	N	M	6	S	R			
C	U		S	E	H	7	R	M
M	L	R	U	8	C		E	H
S	E	H		R	L		U	N
		2	R	H		E	L	C
R	4	E	L	M	U		H	3
L	H		N		E			R

Lösung:

1	2	3	4	5	6	7	8

© Springer-Verlag Berlin Heidelberg 2016
C. Reinbold, *Fetthenne, Moderlieschen, Warzenbeißer*,
DOI 10.1007/978-3-662-52817-4_4

5

Schlangenrätsel 1

© matamu / Fotolia

Im folgenden Feld hat sich ein Spruch zum Schmunzeln eingeschlägelt. Der Anfangsbuchstabe (L) und der Endbuchstabe (N), sowie ein Zwischenbuchstabe (S) sind markiert. Umlaute werden umgewandelt zu UE, AE und OE. Findest du die Wortschlange?

E	F	G	M	R	T	U	C	S	W	B	G	H	J	K
Q	L	E	A	N	D	F	L	O	G	D	A	V	O	L
N	F	B	S	S	E	P	F	G	F	G	H	T	N	K
A	Y	E	V	B	G	T	D	M	E	U	L	M	O	I
C	H	N	R	T	D	F	N	G	Q	X	I	V	A	S
L	P	H	D	L	L	O	U	E	M	B	N	D	H	F
Z	R	E	I	S	S	R	R	M	U	K	P	W	Y	C
U	A	T	A	N	T	I	P	U	L	G	O	F	A	V
R	C	D	R	E	V	E	Z	L	B	R	U	Z	E	R
V	G	P	A	T	M	G	J	E	T	A	A	N	J	Q
T	S	M	E	H	I	D	U	M	S	T	E	I	I	L
W	X	O	N	D	E	E	I	L	R	N	T	T	H	Y
H	W	R	E	R	R	W	R	K	E	D	M	H	G	T
K	K	T	N	S	U	E	I	L	E	E	R	N	F	N
I	O	L	T	L	N	G	S	A	G	T	X	U	M	D

Lösung:

L _ _ _ _ _ _ _ _ _ _ _ _ _ _ _ _ _ _ _ _ _ _ _, S _ _ _ _

_ _ _ _ _ _ _ _ _ _ _ _ _ _ _ _ _ _ _ _ _ _ _ _ _ _ _ N.

© Springer-Verlag Berlin Heidelberg 2016
C. Reinbold, *Fetthenne, Moderlieschen, Warzenbeißer*,
DOI 10.1007/978-3-662-52817-4_5

Glück muss man haben … (Mittelworträtsel)

© Sonja Calovini / Fotolia

Suche in jeder Zeile das Wort, welches man links anfügen und rechts voransetzen kann, zum Beispiel GLÜCKS – **PILZ** – GARTEN (s. u.). Die Buchstaben in den neun vorgegebenen Boxen ergeben – von oben nach unten gelesen – das Lösungswort.

> **Tipp** In jeder Zeile findet sich etwas, das irgendwie mit Glück zu tun hat.

FELD	_ _ □ _ _	PFOTE
BLAU	_ □ _ _ _	SCHNUPPE
MARIEN	_ _ _ □ _	LARVE
GLÜCKS	_ □ _ _	GARTEN
GELD	_ _ _ _ □	WALD
KLEE	□ _ _ _ _	LAUS
LOS	_ □ _ _	PFLANZE
LOTTO	_ □ _ _ _ _	FRUCHT
SONNTAGS	□ _ _ _	CHENSCHEMA

Lösung: _____

© Springer-Verlag Berlin Heidelberg 2016
C. Reinbold, *Fetthenne, Moderlieschen, Warzenbeißer*,
DOI 10.1007/978-3-662-52817-4_6

7

Tägliche Nervensägen 1 (Hälftenrätsel)

Dein Prof ist einfach unerträglich? Die lieben Lehrämtler stellen endlos viele Baby-Fragen? Dein Laborkollege schmeichelt sich unentwegt beim Chef ein?

Entdecke für deine täglichen Quälgeister (Art-)Namen, an die du ab sofort genüsslich denken wirst, wenn mal wieder jemand deinen wohlverdienten studentischen Frieden stört. Verbinde dazu je zwei Tabletten-Hälften miteinander und bastle besonders bittere Pillen – mentale Pillen, es soll ja niemand beleidigt werden. ☺

Diese fünf Artnamen gibt es tatsächlich. Viel Vergnügen!

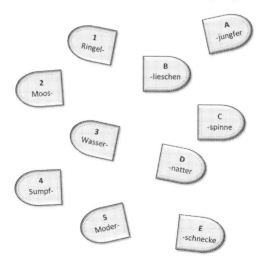

---

* Feedback und alternative Zweitnamen gerne an: springerraetsel@yahoo.com.

© Springer-Verlag Berlin Heidelberg 2016
C. Reinbold, *Fetthenne, Moderlieschen, Warzenbeißer*,
DOI 10.1007/978-3-662-52817-4_7

8

Soziobiologie (Gitterrätsel)

Alleine handeln oder in der Gemeinschaft?
Kooperieren oder einfach egoistisch sein? Liebe,
Sex, Eltern, Konflikte, Mord und Geschlecht-
errollen. Wie gut kennst du dich aus in Sachen
Soziobiologie? Trage die gesuchten Begriffe in
das Gitter ein. Die Buchstaben in den grauen Feldern ergeben – von oben
nach unten gelesen – das Lösungswort.

© aleutie / Fotolia

(1) Wettbewerb von Organismen um den Anteil an einer begrenzten
Ressource
(2) schmerzhafter emotionaler Zustand, wenn der eigene Partner seine
Zuneigung jemand anderem als einem selbst entgegenbringt
(3) An welchen Tieren stellte die Zoologin Dian Fossey umfangreiche
Verhaltensbeobachtungen an und setzte sich für deren Schutz ein?
(4) begrenztes Gebiet, von dem ein Einzeltier, eine Familie oder eine
Sippe Besitz ergriffen hat
(5) uneigennütziges Verhalten eines Individuums zum Wohle anderer
(6) feindseliges Verhalten gegenüber anderen Lebewesen

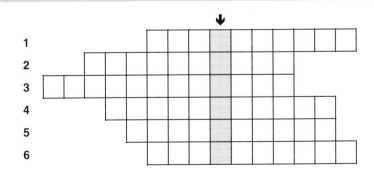

Lösung: _____

© Springer-Verlag Berlin Heidelberg 2016
C. Reinbold, *Fetthenne, Moderlieschen, Warzenbeißer*,
DOI 10.1007/978-3-662-52817-4_8

9

Ein langer Weg (Multiple Choice)

© TAMAGO POTATO / Fotolia

Küken Karlchen ist zu spät geschlüpft und sucht seine Geschwister. Auf dem Weg durchs Kükent(h)al muss es knifflige Rätsel lösen. Die richtigen sechs Buchstaben ergeben zusammen das Lösungswort.

1. Wie heißen die Gebilde, mit denen der Eidotter in der Mitte des Eis gehalten wird?

(**G**) Hagelschnüre   (**M**) Haltefäden   (**H**) Sonnenfäden

2. Wie lange beträgt die Brutdauer bei Haushühnern im Normalfall?

(**O**) 30 Tage   (**A**) 21 Tage   (**E**) 12 Tage

3. Was ist der Hauptbestandteil der Hühnerei-Schale?

(**L**) Calciumcarbonat   (**M**) Calciumchlorid
(**N**) Calciumphosphat

4. Was macht den zweitgrößten Anteil des Eigelbs aus?

(**T**) Eiweiß   (**L**) Fett   (**P**) Wasser

5. Wie lange dauert die Entwicklung des Hühnereis in der Regel?

(**G**) etwa 6 Tage   (**A**) etwa 3 Tage   (**U**) etwa 24 Stunden

6. Wie nennt man ein weibliches Haushuhn, das Jungtiere führt?

(**G**) Glocke   (**S**) Glucke   (**T**) Bache

Lösung: _____

© Springer-Verlag Berlin Heidelberg 2016
C. Reinbold, *Fetthenne, Moderlieschen, Warzenbeißer*,
DOI 10.1007/978-3-662-52817-4_9

10

Für dich im Einsatz (Suchrätsel)

© hppd / Fotolia

Finde alle unten stehenden Begriffe im Suchrätsel. Die **verbleibenden** Buchstaben ergeben (Zeile für Zeile gelesen) das neunstellige Lösungswort.

Hinweis Die Begriffe sind von links nach rechts oder von oben nach unten zu lesen – nie diagonal oder rückwärts.

> ART – EGOISMUS – FETTE – FLECHTE – HALTEREN –
> HARNSTOFF – IMMUNSYSTEM – LIGAMENT – LIGASE –
> MALAT – NADP – NITROGENASE – OASE – PATELLA –
> PHOSPHOR – RANA – STICKSTOFF – THERMOPHIL

N	M	H	A	R	N	S	T	O	F	F
I	M	M	U	N	S	Y	S	T	E	M
T	A	A	S	F	L	E	C	H	T	E
R	L	I	G	A	M	E	N	T	T	T
O	A	S	E	Z	R	A	N	A	E	E
G	T	H	E	R	M	O	P	H	I	L
E	H	A	L	T	E	R	E	N	L	I
N	A	D	P	A	T	E	L	L	A	G
A	R	P	H	O	S	P	H	O	R	A
S	T	I	C	K	S	T	O	F	F	S
E	G	O	I	S	M	U	S	L	E	E

Lösung: _____

© Springer-Verlag Berlin Heidelberg 2016
C. Reinbold, *Fetthenne, Moderlieschen, Warzenbeißer*,
DOI 10.1007/978-3-662-52817-4_10

11

Schlangenrätsel 2

© kitti.thanit / Fotolia

Im folgenden Buchstabenfeld hat sich wieder ein weiser Spruch einge-
schlängelt. Der Anfangsbuchstabe (A), der Endbuchstabe (M), sowie zwei
Zwischenbuchstaben (F, L) sind grau markiert. Umlaute werden umgewan-
delt zu UE, AE und OE. Findest du die Wortschlange?

E	F	G	M	U	C	S	W	B	G	H	J	K
Q	A	U	C	H	L	O	G	D	A	V	O	L
N	F	B	S	E	F	G	F	G	H	T	M	K
A	Y	E	V	I	D	M	E	U	L	M	O	I
C	H	N	R	N	A	G	Q	X	I	V	A	S
U	A	T	A	I	F	U	L	G	O	F	A	V
T	S	M	E	D	F	M	S	T	B	A	U	M
W	X	O	A	F	E	L	R	N	M	T	H	Y
H	W	R	E	W	R	K	E	D	O	H	G	T
K	K	M	L	L	T	M	A	L	V	N	F	N
I	O	L	Y	G	S	A	G	T	X	U	M	D

Lösung:

A___ ___ ____ F_____ __L ___ ___M.

© Springer-Verlag Berlin Heidelberg 2016
C. Reinbold, *Fetthenne, Moderlieschen, Warzenbeißer,*
DOI 10.1007/978-3-662-52817-4_11

12

Frühblüher (Mittelworträtsel)

© izzy71 / Fotolia

Suche in jeder Zeile das Wort, welches man links anfügen und rechts voran-
setzen kann, zum Beispiel FLIEDER – **BUSCH** – WINDRÖSCHEN (s. u.).
Die Buchstaben in den neun vorgegebenen Boxen ergeben – von oben nach
unten gelesen – das Lösungswort.

Tipp In jeder Zeile findet sich eine Frühblüher-Art.

FLIEDER	☐ _ _ _ _	WINDRÖSCHEN
LAUB	_ _ ☐ _	VEILCHEN
WINTER	_ ☐ _ _ _ _	TULPE
PFERDE	_ _ ☐ _	LATTICH
FAHRRAD	☐ _ _ _ _ _ _ _ _	BLUME
ARON	_ ☐ _ _	HOCHSPRUNG
SAUER	_ _ _ ☐ _	BLATT
WASCH	_ _ ☐ _	LAUCH
TIEF	_ _ _ ☐ _ _	GLÖCKCHEN

Lösung: _____

© Springer-Verlag Berlin Heidelberg 2016
C. Reinbold, *Fetthenne, Moderlieschen, Warzenbeißer*,
DOI 10.1007/978-3-662-52817-4_12

13

Genetik (Gitterrätsel)

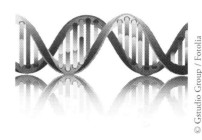

© Gstudio Group / Fotolia

Trage die gesuchten Begriffe in das Gitter ein. Die Buchstaben in den grauen Feldern ergeben – von oben nach unten gelesen – das Lösungswort.

(1) Erbanlage

(2) verschiedene Ausprägungen des gleichen Gens (Plural)

(3) Transkript-Molekül, das die Aminosäuresequenz bei der Translation vorgibt

(4) Sequenz dreier aufeinanderfolgender Nucleotide in DNA oder mRNA

(5) Region eines Chromosoms, die die Schwesterchromatiden zusammenhält

(6) geordnete Darstellung aller Chromosomen einer Zelle

(7) geläufige Bezeichnung des Watson-Crick-Modells

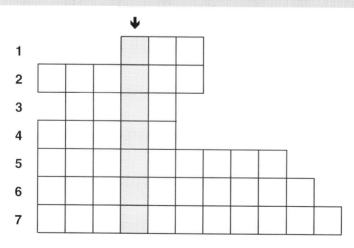

Lösung: _____

© Springer-Verlag Berlin Heidelberg 2016
C. Reinbold, *Fetthenne, Moderlieschen, Warzenbeißer,*
DOI 10.1007/978-3-662-52817-4_13

14

Biologisch flirten 1 (Hälftenrätsel)

© spoorloos / Fotolia

Das Studium bietet neben Mensa, Hausarbeiten und Vorlesungen auch eine hervorragende Gelegenheit, neue Leute kennenzulernen und zu flirten, was das Zeug hält. Doch wie spreche ich die süße Bio-Studentin auf der Uniwiese am besten an? Verbinde die richtigen Herzhälften miteinander und finde heraus, welche biologischen Kosenamen (echte Artnamen) das Herz deines Schwarms höher schlagen lassen.

Male deinen Favoriten rot aus. Für die nächste romantische Begegnung bist du nun gewappnet – viel Erfolg!

- Feedback und alternative Kosenamen gerne an: springerraetsel@yahoo.com.

© Springer-Verlag Berlin Heidelberg 2016
C. Reinbold, *Fetthenne, Moderlieschen, Warzenbeißer*,
DOI 10.1007/978-3-662-52817-4_14

15

Kuriose Artnamen 2 (Hälftenrätsel)

© Efendy / Fotolia

Kaum zu glauben, mit welchem Namen so manches Lebewesen ausgestattet ist! Kombiniere je zwei Türklingel-Hälften miteinander und finde heraus, wie diese Tiere heißen. Gut, in Wirklichkeit haben sie wohl keine Haustüren, die Lebewesen selbst gibt es aber. ☺

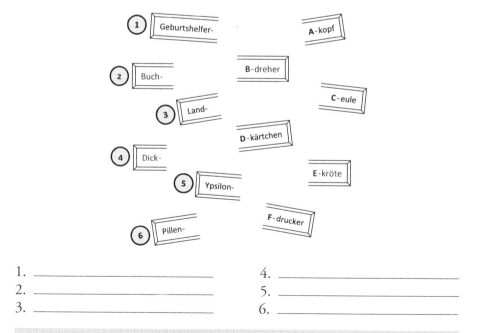

1. _____ 4. _____
2. _____ 5. _____
3. _____ 6. _____

Du kennst weitere kuriose Tier- und Pflanzennamen? Her damit! Schicke sie uns gerne an springerraetsel@yahoo.com.

© Springer-Verlag Berlin Heidelberg 2016
C. Reinbold, *Fetthenne, Moderlieschen, Warzenbeißer,*
DOI 10.1007/978-3-662-52817-4_15

16

Bio-Sudoku 2

© Africa Studio / Fotolia

Ein Buchstaben-Sudoku wird wie ein gewöhnliches Sudoku gelöst. Der Unterschied: Statt mit den sonst verwendeten Zahlen von 1 bis 9 wird dieses Rätsel mit folgenden neun Buchstaben ausgefüllt:

A – L – M – R – E – S – P – D – I

		A	D	L	I	5	S	P
7				P				E
P	I	M	8	S	R			
A	P		S	E	D	2	R	M
M	L	R	P	6	A		E	D
S	E	D		R	L		P	I
		1	R	D		E	L	A
R	3	E	L	M	P		D	4
L	D		I		E			R

Lösung:

1	2	3	4	5	6	7	8

© Springer-Verlag Berlin Heidelberg 2016
C. Reinbold, *Fetthenne, Moderlieschen, Warzenbeißer*,
DOI 10.1007/978-3-662-52817-4_16

17

Reine Nervensache (Multiple Choice)

© adimas / Fotolia

Wer wird denn hier die Nerven verlieren? Wähle die jeweils richtige Antwort aus und bilde das Lösungswort aus den erhaltenen Buchstaben.

1. Was ist eine Nervenfaser?
(**M**) Nervenbündel   (**E**) Axon   (**T**) Neuron

2. Aufgrund ihres Aussehens nennt man die Amygdala auch...
(**E**) Brücke   (**R**) Mandelkern   (**A**) Muschel

3. Um die Funktionsweise von Neuronen zu ergründen, bedient man sich sogenannter Riesenaxone. Sie entstammen...
(**I**) einem Wal   (**N**) dem Hausrind   (**R**) einem Kalmar

4. Nahe seinem Ende verzweigt sich das Axon in verdickte...
(**S**) Synapsen (**E**) präsynaptische Endigungen (**N**) Dendriten

5. Das sogenannte Ruhepotenzial von Nervenzellen wird bestimmt durch...
(**P**) den Axon-Durchmesser (**G**) Natrium- und Kaliumionen (**H**) Hormone

6. Die Zeitspanne nach einem Aktionspotenzial, in welcher nach einem Aktionspotenzial kein Impuls mehr von der Nervenzelle erzeugt werden kann, nennt man...
(**L**) Referenzzeit (**E**) relative Refraktärzeit (**U**) absolute Refraktärzeit

7. Eine unwillkürliche, vom Zentralnervensystem gesteuerte Reaktion auf einen Reiz nennt man...
(**N**) Reflex   (**D**) Instinkt   (**K**) Rückreiz

8. Wodurch wird Tetanus – der Wundstarrkrampf – hervorgerufen?
(**G**) Bakterien   (**A**) psychologischer Schock   (**O**) ungeschützter Sex

Lösung: _____

© Springer-Verlag Berlin Heidelberg 2016
C. Reinbold, *Fetthenne, Moderlieschen, Warzenbeißer*,
DOI 10.1007/978-3-662-52817-4_17

18

Biologisch flirten 2 (Hälftenrätsel)

Das Studium bietet neben Mensa, Hausarbeiten und Vorlesungen auch eine hervorragende Gelegenheit, neue Leute kennenzulernen und zu flirten, was das Zeug hält. Doch wie spreche ich den gut aussehenden Sport-Studenten in der Bib am besten an? Verbinde die richtigen Herzhälften miteinander und finde heraus, welche biologischen Kosenamen (echte Artnamen) das Herz deines Schwarms höher schlagen lassen.

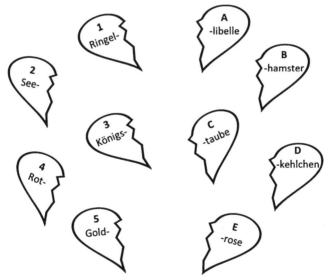

Male deinen Favoriten rot aus. Für die nächste romantische Begegnung bist du nun gewappnet – viel Erfolg!

- Feedback und alternative Kosenamen gerne an: springerraetsel@yahoo.com.

© Springer-Verlag Berlin Heidelberg 2016
C. Reinbold, *Fetthenne, Moderlieschen, Warzenbeißer*,
DOI 10.1007/978-3-662-52817-4_18

19

Schmetterlinge (Mittelworträtsel)

Suche in jeder Zeile das Wort, welches man links anfügen und rechts voransetzen kann, zum Beispiel SONNEN – **SEGEL** – FALTER (s. u.). Die Buchstaben in den neun vorgegebenen Boxen ergeben – von oben nach unten gelesen – das Lösungswort.

Tipp In jeder Zeile findet sich eine Schmetterlingsart.

MUTTER	☐ _ _	PFAUENAUGE
KAISER	_ ☐ _ _ _ _	FLÄCHE
STAATS	_ _ _ ☐ _ _	MANTEL
SCHACH	☐ _ _ _ _	SPIEL
GRIECHEN	_ _ ☐ _	KÄRTCHEN
SONNEN	_ ☐ _ _ _	FALTER
KLEINER	_ _ _ _ ☐	BANDWURM
SILBER	_ _ ☐ _ _ _	FALTER
TRIEB	_ ☐ _ _ _	GEISTCHEN
ROSEN	_ _ _ ☐	WEIßLING

Lösung: _____

© Springer-Verlag Berlin Heidelberg 2016
C. Reinbold, *Fetthenne, Moderlieschen, Warzenbeißer,*
DOI 10.1007/978-3-662-52817-4_19

20

Fotosynthese (Silbenrätsel)

©Smileus - Fotolia

Die strahlende Sonne: Zumindest im Sommer ist sie für uns ein gewohnter Anblick. Schnell vergisst man dabei, dass sie die Grundlage unseres Lebens ist. Finde die gesuchten Begriffe, indem du die Silben richtig miteinander kombinierst.

Die Silben

ab – as – au – bis – chlo – co – di – koh – la – len – ma – mi – o – on – on – on – phie – phyll – pi – ra – ro – ru – si – sorp – sto – ta – ti – ti – ti – to – trans – tro – xid

Hinweise

(1) der grüne Blattfarbstoff
(2) Ernährungsweise der grünen Pflanzen
(3) Spaltöffnungen
(4) gasförmiger Ausgangsstoff der Fotosynthese
(5) aufbauender Stoffwechsel
(6) regulierte Wasserdampfabgabe über Spaltöffnungen
(7) Aufnahme von Strahlungsanteilen durch Materie
(8) Ribulose-1,5-bisphosphat-carboxylase/-oxygenase (Abk.)

1. _____   5. _____
2. _____   6. _____
3. _____   7. _____
4. _____   8. _____

© Springer-Verlag Berlin Heidelberg 2016
C. Reinbold, *Fetthenne, Moderlieschen, Warzenbeißer*,
DOI 10.1007/978-3-662-52817-4_20

21

Schlangenrätsel 3

© GraphicCompressor / Fotolia

Im folgenden Buchstabenfeld hat sich wieder ein weiser Spruch eingeschlängelt. Der Anfangsbuchstabe (S), der Endbuchstabe (N), sowie zwei ganze Wörter (HAHN, KAUM) sind grau markiert. Umlaute werden umgewandelt zu UE, AE und OE. Findest du die Wortschlange?

E	L	R	F	N	T	S	T	E	H	T	D	Y
S	T	C	H	E	L	X	E	N	S	U	A	S
V	E	M	A	N	L	A	R	W	I	E	B	R
W	I	I	H	H	T	W	P	O	Q	C	R	E
B	G	A	K	A	O	R	D	H	U	X	B	N
R	T	D	R	H	N	E	I	L	G	U	A	A
O	H	E	D	N	E	C	L	K	I	V	R	W
V	F	R	T	K	D	G	S	A	E	D	O	H
A	Z	E	J	I	F	E	Q	U	P	N	S	C
Y	J	R	U	M	U	A	N	M	E	I	Z	B
N	N	P	E	L	A	U	W	S	N	S	C	O

Lösung:

S _ _ _ _ _   _ _ _   _ _ _ _ _ _   _ _ _   _ _ _   H A H N,

_ _ _ _ _ _ _   _ _ _ _ _   _ _ _ _   K A U M   _ _ _

_ _ _ _ _ N.

© Springer-Verlag Berlin Heidelberg 2016
C. Reinbold, *Fetthenne, Moderlieschen, Warzenbeißer*,
DOI 10.1007/978-3-662-52817-4_21

22

Bio querbeet: vom Knochen zum Kern (Buchstaben-Anzahl)

Trage die passenden Begriffe zu den folgenden acht Definitionen in das Raster ein. Die Buchsta-

© Nikolai Sorokin / Fotolia

benanzahl eines gefundenen Begriffs verrät dir, welcher Lösungsbuchstabe unten einzutragen ist (siehe Buchstabenschlüssel). Zum Beispiel „Ulna": 4 Buchstaben, ergibt also ein H.

Definitionen

(a) Organismus, der auf Kosten anderer lebt, **(b)** Elle (lat.), **(c)** Monosaccharid mit sechs Kohlenstoffatomen, **(d)** sessiles Stadium der meisten Cnidaria, **(e)** elektrisch geladenes Teilchen, **(f)** Kernkörperchen (lat.), **(g)** Abkürzung für Desoxyribonucleinsäure, **(h)** im Süßwasser lebend

---

Buchstaben-Schlüssel

3 Buchstaben = **O**, 4 Buchstaben = **H**, 5 Buchstaben = **G**
6 Buchstaben = **A**, 7 Buchstaben = **P**, 8 Buchstaben = **M**, 9 Buchstaben = **S**

	(a)	(b)	(c)	(d)	(e)	(f)	(g)	(h)	
		U							1
		L							2
		N							3
		A							4
		✕							5
		✕							6
		✕							7
		✕							8
		✕							9
Anzahl der Buchstaben		4							
	⇩	⇩	⇩	⇩	⇩	⇩	⇩	⇩	
Lösung		H							

© Springer-Verlag Berlin Heidelberg 2016
C. Reinbold, *Fetthenne, Moderlieschen, Warzenbeißer*,
DOI 10.1007/978-3-662-52817-4_22

23

Bio-Sudoku 3

© patrylamantia / Fotolia

Ein Buchstaben-Sudoku wird wie ein gewöhnliches Sudoku gelöst. Der Unterschied: Statt mit den sonst verwendeten Zahlen von 1 bis 9 wird dieses Rätsel mit folgenden neun Buchstaben ausgefüllt:

A – P – N – R – E – H – X – Y – K

		A	X	H	N	5	R	P
7				P				E
P	N	Y		R	K			
A	P		R	E	X	2	K	Y
Y	H	K	P	6	A		E	X
R	E	X		K	H		P	N
		1	K	X		E	H	A
K	3	E	H	Y	P		X	4
H	X		N		E			K

Lösung:

1	2	3	4	5	6	7	8

© Springer-Verlag Berlin Heidelberg 2016
C. Reinbold, *Fetthenne, Moderlieschen, Warzenbeißer*,
DOI 10.1007/978-3-662-52817-4_23

24

Katzen (Multiple Choice)

© Alena Ozerova / Fotolia

Katzen gehören zu den beliebtesten Haustieren des Menschen. Wähle die jeweils richtige Antwort aus und bilde das Lösungswort aus den erhaltenen Buchstaben.

1. Wie oft schlägt ein (Haus-)Katzenherz pro Minute?

(**F**) 70- bis 80-mal (**L**) 110- bis 140-mal (**K**) 50- bis 60-mal

2. Wie viele Katzen lebten 2014 in Deutschland?

(**E**) etwa 2 Millionen (**U**) etwa 12 Millionen (**A**) etwa 22 Millionen

3. Der wissenschaftliche Name für Katzen lautet:

(**I**) Cattus (**F**) Felidae (**N**) Aristodae

4. Hauskatzen gibt es seit rund…

(**G**) 2500 Jahren (**F**) 7500 Jahren (**T**) 9500 Jahren

5. Was ist GarfieldsLeibspeise?

(**E**) Burger (**R**) Lasagne (**S**) Spaghetti

6. Der Mensch hat bis zu 34 Wirbel. Katzen besitzen…

(**Ä**) ebenfalls bis zu 34 Wirbel (**Ö**) rund 52 Wirbel (**Ü**) rund 72 Wirbel

7. Wie heißt die Katze aus Lewis Carrolls Kinderbuch *Alice im Wunderland*?

(**H**) Grinsekatze (**S**) Grinsekater (**B**) Lucy

8. In einem Katzenohr befinden sich…

(**S**) zwei Trommelfelle (**R**) 32 Muskeln (**O**) Hunderte Widerhaken

9. Der Erfinder der Katzenklappe/Katzentür ist…

(**G**) Leonardo da Vinci (**T**) Galileo Galilei (**E**) Sir Isaac Newton

Lösung: _____

© Springer-Verlag Berlin Heidelberg 2016
C. Reinbold, *Fetthenne, Moderlieschen, Warzenbeißer*,
DOI 10.1007/978-3-662-52817-4_24

25

Sommerrätsel (Suchrätsel)

© Dmitry Lobanov / Fotolia

Finde alle unten stehenden Begriffe im Suchrätsel. Die **verbleibenden** Buchstaben ergeben (Zeile für Zeile gelesen) das elfstellige Lösungswort.

Hinweis Die Begriffe sind von links nach rechts oder von oben nach unten zu lesen – nie diagonal oder rückwärts.

ART – AST – CILIE – COR – FORELLE – GIFT – HAMMER – HAND – ION – IRIS – KOMPLEXAUGE – MIKROSKOP – MORGENTAU – MYELIN – NEOPHYTA – PFAU – PHEROMON – SAEUGETIER – SINNESORGAN – ZUNGE

M	I	K	R	O	S	K	O	P	S	O
S	I	N	N	E	S	O	R	G	A	N
A	R	M	E	H	A	M	M	E	R	P
E	I	F	O	M	E	P	F	A	U	H
U	S	O	P	C	I	L	I	E	R	E
G	A	R	H	M	Y	E	L	I	N	R
E	C	E	Y	A	B	X	A	S	T	O
T	O	L	T	R	H	A	N	D	E	M
I	R	L	A	T	Z	U	N	G	E	O
E	N	E	I	O	N	G	I	F	T	N
R	D	M	O	R	G	E	N	T	A	U

Lösung: _____

© Springer-Verlag Berlin Heidelberg 2016
C. Reinbold, *Fetthenne, Moderlieschen, Warzenbeißer*,
DOI 10.1007/978-3-662-52817-4_25

26

Ameisen (Gitterrätsel)

Trage die gesuchten Begriffe in das Gitter ein. Die Buchstaben in den grauen Feldern ergeben – von oben nach unten gelesen – das Lösungswort. Worüber darf sich die Herrscherin des mächtigen Ameisenstaats freuen?

(1) andere Bezeichnung für Facettenauge
(2) Form des Zusammenlebens (Adjektiv)
(3) Erzeugen von Tönen durch Aneinanderreiben von Körperoberflächen
(4) Ausfliegen der geflügelten Königinnen und Männchen zum Zwecke der Begattung
(5) Tiere, die in einem mutualistischen Verhältnis zu Ameisen stehen
(6) mittlerer Körperabschnitt der Ameisen
(7) chemische Botenstoffe, die der Kommunikation dienen
(8) Individuengruppen mit jeweils speziellen Aufgaben oder Merkmalen
(9) andere Bezeichnung für „Punktaugen"
(10) veraltete Bezeichnung für die Ameise

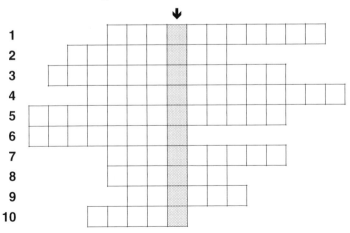

Lösung: _____

© Springer-Verlag Berlin Heidelberg 2016
C. Reinbold, *Fetthenne, Moderlieschen, Warzenbeißer*,
DOI 10.1007/978-3-662-52817-4_26

27

Kuriose Artnamen 3 (Hälftenrätsel)

© photo 5000 / Fotolia

Den Namen kann man sich wahrlich nicht aussuchen – den Pflanzen und Pilzen geht es da nicht anders als uns. Kombiniere je zwei Türklingel-Hälften miteinander und finde heraus, wie diese Lebewesen heißen. Gut, in Wirklichkeit haben sie wohl keine Haustüren, die Lebewesen selbst gibt es aber. ☺

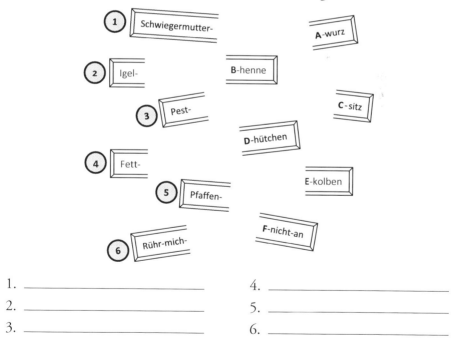

1. _____   4. _____

2. _____   5. _____

3. _____   6. _____

Du kennst weitere kuriose Tier- und Pflanzennamen? Her damit! Schicke sie uns gerne an springerraetsel@yahoo.com.

© Springer-Verlag Berlin Heidelberg 2016
C. Reinbold, *Fetthenne, Moderlieschen, Warzenbeißer*,
DOI 10.1007/978-3-662-52817-4_27

28

Die Kreuzspinne (Silbenrätsel)

Die Gartenkreuzspinne wartet geduldig auf ihre nächste Beute… Kombiniere die passenden Silben und finde heraus, welche Lebewesen sie am liebsten verspeist.

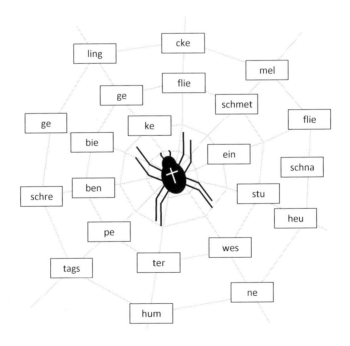

1. _____	5. _____
2. _____	6. _____
3. _____	7 _____
4. _____	8. _____

© Springer-Verlag Berlin Heidelberg 2016
C. Reinbold, *Fetthenne, Moderlieschen, Warzenbeißer*,
DOI 10.1007/978-3-662-52817-4_28

29

Schlangenrätsel 4 – Ameisennahrung

Die Tage werden kürzer, die Kleidung wird dicker und das Thermometer fällt – der Winter naht. Auch für die Ameisen beginnt nun langsam die kalte Jahreszeit. Gut, dass die Arbeiterinnen schon lange vorgesorgt haben.

Finde sieben Nahrungsquellen der Ameisen, die sich im Buchstabennetz verbergen. Verfolge dazu den Weg der Arbeiterin ab dem Eingang des Baus. Die gesuchten Wörter sind in einer langen Schlange aneinander gereiht und führen dich schließlich zur Kammer der Königin.

M	T	I	**R**	U	B	D	A	N	S	K	O	I	N	N	E	B	F
G	L	H	E	L	O	M	W	I	S	T	S	P	A	E	N	R	I
F	M	U	G	K	N	R	L	N	K	E	L	M	Z	B	M	O	M
I	H	A	E	N	W	U	C	H	E	R	R	K	N	E	B	T	B
A	S	S	T	R	P						T	O	E	X	U	A
W	I	E	N	**E**							T	E	R	U	P	L
E	N	R	E	O	M						A	H	F	I	R	H
K	J	M	E	L	I						U	O	K	I	M	M
C	W	A	U	K	R						S	N	I	G	L	N
E	N	H	E	D	U						P	I	R	T	O	T
L	M	C	H	I	Q	E	L	K	E	Z	N	A	L	B	A	N	E
I	S	S	N	W	M	U	L	H	N	N	U	R	F	P	U	G	M
J	E	T	K	C	A	N	M	C	S	W	I	K	K	R	O	N	E
U	Y	P	E	R	G	N	E	M	A	P	U	N	E	C	K	I	L

1. _____   5. _____
2. _____   6. _____
3. _____   7. _____
4. _____

© Springer-Verlag Berlin Heidelberg 2016
C. Reinbold, *Fetthenne, Moderlieschen, Warzenbeißer*,
DOI 10.1007/978-3-662-52817-4_29

30

Gefährliche Biologie (Gitterrätsel)

© renikartikawaty / Fotolia

Spinnen, Löwen, Giftpflanzen… Die Natur lauert voller Gefahren. Um sich bestmöglich schützen zu können, sollte man sich also gut informieren, bevor man sich zu weit hinaus wagt. Wie gut kennst du dich aus? Trage die gesuchten Begriffe in das Gitter ein. Die Buchstaben in den grauen Feldern ergeben – von oben nach unten gelesen – das Lösungswort.

(1) Welche Katzenart ist das größte Landraubtier Afrikas und wird mundartlich „Leu" genannt?

(2) Wie nennt man das mehrreihige Gebiss der Haie?

(3) Die Herkulesstaude löst bei Menschen „Verbrennungserscheinungen" aus, wenn man sie bei Einwirkung von Sonnenlicht berührt. Sie ist auch bekannt unter dem Namen … – BÄRENKLAU.

(4) Wie heißen die Organe, mit denen Zitteraale elektrische Schläge abgeben?

(5) Welcher Käfer verteidigt sich mit einem Explosionsapparat am Hinterleib?

(6) Wie heißt der Eiweißstoff des Wunderbaums, mit dem 1978 das sogenannte Regenschirmattentat auf den Dissidenten Georgi Markow begangen wurde?

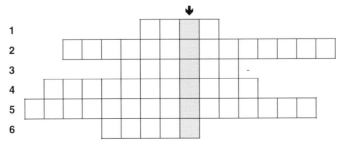

Lösung: _____

© Springer-Verlag Berlin Heidelberg 2016
C. Reinbold, *Fetthenne, Moderlieschen, Warzenbeißer*,
DOI 10.1007/978-3-662-52817-4_30

31

Wabenrätsel

© shaiith / Fotolia

Sei ein fleißiges Bienchen und trage die gesuchten Begriffe in die Waben ein. Die sechs nummerierten Felder ergeben zusammen das Lösungswort.

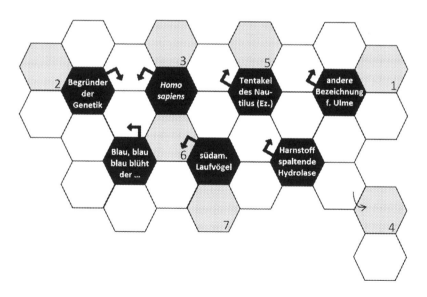

Lösung: _____

© Springer-Verlag Berlin Heidelberg 2016
C. Reinbold, *Fetthenne, Moderlieschen, Warzenbeißer*,
DOI 10.1007/978-3-662-52817-4_31

32

Früchte (Gitterrätsel)

Trage die gesuchten Begriffe in das Gitter ein.
Die Buchstaben in den grauen Feldern ergeben –
von oben nach unten gelesen – das Lösungswort.

(1) Speicherorgan einiger Pflanzen, welches durch die Verdickung der Hauptwurzel entsteht
(2) eine beliebte behaarte Steinfrucht
(3) Fruchtstand weiblicher Hopfenpflanzen
(4) innerster, heller Teil der Kiwifrucht
(5) Frucht verschiedener Rosenarten, z. B. der Hundsrose
(6) deutsche Bezeichnung für Rucola
(7) In welcher Form wird CO_2 in den Vakuolen von CAM-Pflanzen (z. B. bei der Ananas) gespeichert?
(8) Welcher Teil der Ingwerpflanze wird als Lebensmittel genutzt (biologische Bez.)?
(9) Welcher roten Sammelnussfrucht wird eine aphrodisierende Wirkung nachgesagt?

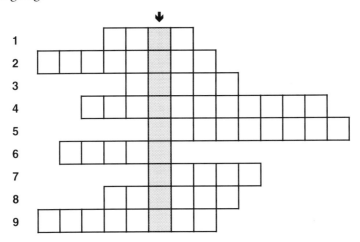

Lösung: _____

DOI 10.1007/978-3-662-52817-4_32

© Springer-Verlag Berlin Heidelberg 2016
C. Reinbold, *Fetthenne, Moderlieschen, Warzenbeißer*,

© Anna Kucherova / Fotolia

33

Fußball (Mittelworträtsel)

© majivecka / Fotolia

Suche in jeder Zeile das Wort, welches man links anfügen und rechts vor-
ansetzen kann, zum Beispiel FUSSBALL – **LEDER** – HAUT (s. u.). Die
Buchstaben in den acht vorgegebenen Boxen ergeben – von oben nach unten
gelesen – das Lösungswort.

> **Tipp** In jeder Zeile findet sich etwas, das mit Fußball zu tun hat.

RHESUS	_ _ □ _ _	HITZE
GREIF	_ □ _ _	SPIEL
WILD	_ _ _ _ □ _	STEIGER
ELF	_ _ _ □	MAß
HECHT	□ _ _ _ _	GELENK
FUSSBALL	□ _ _ _	HAUT
DEUTSCH	_ □ _	SCHILDKRÖTEN
K.O.-	□ _ _ _	WETTE

Lösung: _____

© Springer-Verlag Berlin Heidelberg 2016
C. Reinbold, *Fetthenne, Moderlieschen, Warzenbeißer,*
DOI 10.1007/978-3-662-52817-4_33

34

Let's talk about… (Multiple Choice)

© karelnoppe/fotolia.com

Sexualität gehört zur Biologie wie Feuerwerk zu Silvester. Wähle die jeweils richtige Antwort aus und bilde das Lösungswort aus den erhaltenen Buchstaben.

1. Wie viele Spermien werden pro Sekunde im menschlichen Hoden produziert?

(**L**) etwa 120 (**S**) etwa 1200 (**P**) etwa 1,2 Millionen

2. Wie heißt der längliche Kalkkörper, der beim Paarungsvorspiel einiger Landlungenschnecken in den Partner gestoßen wird?

(**E**) Eroslanze (**I**) Sexpilus (**P**) Liebespfeil

3. Welches der folgenden Tiere besitzt einen Penisknochen?

(**E**) Polarbär (**M**) Giraffe (**N**) Mensch

4. Wie heißt die Kappe, die das Spermien-„Köpfchen" umgibt?

(**R**) Akrosom (**F**) Chaperon (**T**) Androsom

5. Wie heißen die reifen Fischeier vor deren Abgabe ins Wasser?

(**M**) Laich (**L**) Rogen (**O**) Fischmilch

6. Da Spinnenmännchen keinen Penis haben, verwenden sie zur Spermienübertragung…

(**M**) ihren Schlund (**I**) ihren Kieferntaster (**F**) ihren Anus

7. Synonym für die letzte Regelblutung

(**T**) Monosomie (**S**) Monocyte (**N**) Menopause

8. Einige Plattwürmer vollziehen vor der Begattung…

(**N**) eine immense Nahrungsaufnahme (**T**) einen tagelangen Tanz (**G**) ein Penisfechten

Lösung: _____

© Springer-Verlag Berlin Heidelberg 2016
C. Reinbold, *Fetthenne, Moderlieschen, Warzenbeißer*,
DOI 10.1007/978-3-662-52817-4_34

35

Schlangenrätsel 5

© jroblesart / Fotolia

Im folgenden Buchstabenfeld hat sich wieder ein weiser Spruch eingeschlängelt. Der Anfangsbuchstabe (A), der Endbuchstabe (R), sowie zwei Zwischenbuchstaben (N, G) sind grau markiert. Umlaute werden umgewandelt zu UE, AE und OE. Findest du die Wortschlange?

E	F	G	M	U	C	S	W	B	G	H	J	K
H	A	H	M	U	N	G	D	D	A	V	O	L
C	F	B	S	F	F	G	E	G	H	T	M	K
A	Y	E	V	A	D	M	R	N	L	M	O	I
N	H	N	R	J	B	G	Q	A	I	V	A	S
T	A	T	A	I	L	U	L	T	O	F	A	V
S	I	T	S	D	L	M	S	U	R	I	S	T
W	X	O	N	F	J	L	R	N	H	T	H	Y
H	W	R	U	W	R	K	E	D	A	H	G	T
K	K	M	K	T	V	I	E	R	G	N	F	N
A	L	L	E	G	S	A	M	T	L	O	M	D

Lösung:

A _ _ _   _ _ _ _ _   _ _ _   N _ _ _ _ _ _ _ G   _ _ _   _ _ _ _ R.

© Springer-Verlag Berlin Heidelberg 2016
C. Reinbold, *Fetthenne, Moderlieschen, Warzenbeißer*,
DOI 10.1007/978-3-662-52817-4_35

36

Kuriose Artnamen 4 (Hälftenrätsel)

© Eric Isselée / Fotolia

Kaum zu glauben, mit welchem Namen so manches Lebewesen ausgestattet ist! Kombiniere je zwei Türklingel-Hälften miteinander und finde heraus, wie diese Tiere heißen. Gut, in Wirklichkeit haben sie wohl keine Haustüren, die Lebewesen selbst gibt es aber. ☺

1. Ziegen-
2. Platt-
3. C-
4. Raub-
5. Warzen-
6. Wende-

A -Falter
B -beißer
C -bauch
D -würger
E -hals
F -melker

1. _____
2. _____
3. _____
4. _____
5. _____
6. _____

Du kennst weitere kuriose Tier- und Pflanzennamen? Her damit! Schicke sie uns gerne an springerraetsel@yahoo.com.

© Springer-Verlag Berlin Heidelberg 2016
C. Reinbold, *Fetthenne, Moderlieschen, Warzenbeißer*,
DOI 10.1007/978-3-662-52817-4_36

37

Zellbiologie (Silbenrätsel)

© Explorer / Fotolia

Ob Mensch, Apfelbaum oder Hauskatze – Zellen bilden die Grundlage aller Lebewesen und stehen im Fokus wichtiger Forschungsvorhaben.
Der Wind hat die Silben einiger Zellbio-Fachbegriffe durcheinander gebracht. Kannst du sie wieder zusammensetzen?

Die Silben

bran – chon – chro – dri – en – hap – id – in – lo – mem
mi – mi – mo – pha – se – se – som – ter – to – to – zell

Hinweise

(1) mit einfachem Chromosomensatz
(2) im Mikroskop erkennbarer Träger der Erbanlagen
(3) selektiv-permeabler Bestandteil jeder Zelle
(4) die „Kraftwerke" der Zelle
(5) Zellkernteilung (in unserem Körper etwa 3 Mio. Mal pro Sekunde!)
(6) Zellzustand, in welchem die Chromatiden sich verdoppeln

Lösung: _____

© Springer-Verlag Berlin Heidelberg 2016
C. Reinbold, *Fetthenne, Moderlieschen, Warzenbeißer,*
DOI 10.1007/978-3-662-52817-4_37

38

Bio-Sudoku 4

© gunawanteguh / Fotolia

Ein Buchstaben-Sudoku wird wie ein gewöhnliches Sudoku gelöst. Der Unterschied: Statt mit den sonst verwendeten Zahlen von 1 bis 9 wird dieses Rätsel mit folgenden neun Buchstaben ausgefüllt: **Y – O – P – C – E – A – L – H – T**

Y	C		T	E	10	2	H	
		8		C		A	L	Y
H	O	A		Y	L	C		
		3	P	A		Y	T	6
	9				1		A	O
		E	H					L
						L	O	A
L	H		4		7			5
			C		T	H	Y	

Lösung:

1	2	3	4	5	6	7	8	9	10

Tipp Das Lösungswort benennt eine Tierklasse mit rund 10.000 bekannten Arten.

© Springer-Verlag Berlin Heidelberg 2016
C. Reinbold, *Fetthenne, Moderlieschen, Warzenbeißer*,
DOI 10.1007/978-3-662-52817-4_38

39

Tägliche Nervensägen 2 (Hälftenrätsel)

© 8suke / Fotolia

Dein Prof ist einfach unerträglich? Die lieben Lehrämtler stellen endlos viele Baby-Fragen? Dein Laborkollege schmeichelt sich unentwegt beim Chef ein?

Entdecke für deine täglichen Quälgeister (Art-)Namen, an die du ab sofort genüsslich denken wirst, wenn mal wieder jemand deinen wohlverdienten studentischen Frieden stört. Verbinde dazu je zwei Tabletten-Hälften miteinander und bastle besonders bittere Pillen – mentale Pillen, es soll ja niemand beleidigt werden. ☺

Diese fünf Artnamen gibt es tatsächlich. Viel Vergnügen!

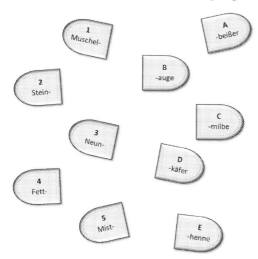

• Feedback und alternative Zweitnamen gerne an: springerraetsel@yahoo.com.

© Springer-Verlag Berlin Heidelberg 2016
C. Reinbold, *Fetthenne, Moderlieschen, Warzenbeißer*,
DOI 10.1007/978-3-662-52817-4_39

40

Der Herbst (Suchrätsel)

© akf / Fotolia

Finde alle unten stehenden Begriffe im Suchrätsel. Die **verbleibenden** Buchstaben ergeben (Zeile für Zeile gelesen) das achtstellige Lösungswort.

Hinweis Die Begriffe sind von links nach rechts oder von oben nach unten zu lesen – nie diagonal oder rückwärts.

APOPTOSE – ATP – CAM – HODGKIN – HYDROPHOBIE – HYLA – IDIOTYP – JETZTMENSCH – KASTANIEN – KOLKRABE – LACHS – LDH – LENG – LERNEN – MYOSIN – NEOTENIE – NEUNAUGEN – PRAEGUNG – PROTEIN – RNA – STOER

J	H	O	D	G	K	I	N	P	B	A
E	Y	C	A	M	A	D	A	R	K	T
T	L	A	C	H	S	I	N	A	O	P
Z	A	P	O	P	T	O	S	E	L	N
T	L	E	N	G	A	T	L	G	K	E
M	Y	O	S	I	N	Y	D	U	R	O
E	D	W	T	U	I	P	H	N	A	T
N	P	R	O	T	E	I	N	G	B	E
S	R	N	E	U	N	A	U	G	E	N
C	M	A	R	L	E	R	N	E	N	I
H	Y	D	R	O	P	H	O	B	I	E

Lösung: _____

© Springer-Verlag Berlin Heidelberg 2016
C. Reinbold, *Fetthenne, Moderlieschen, Warzenbeißer*,
DOI 10.1007/978-3-662-52817-4_40

41

Vögel (Mittelworträtsel)

© Marcel Schauer / Fotolia

Suche in jeder Zeile das Wort, welches man links anfügen und rechts voransetzen kann, zum Beispiel SPRINGER – **BUCH** – FINK (s. u.). Die Buchstaben in den neun vorgegebenen Boxen ergeben – von oben nach unten gelesen – das Lösungswort.

Tipp In jeder Zeile findet sich eine Vogelart.

EIS	☐ _ _ _ _	HAUS
WEIß	_ ☐ _ _	MEISE
NACHTI	☐ _ _ _	WESPE
HONIG	_ _ ☐ _ _ _	FRESSER
KÖNIGS	_ ☐ _ _	MEISE
TIEF	☐ _ _ _ _ _	EULE
SPRINGER	☐ _ _ _	FINK
FLUSS	_ _ ☐ _	SCHWALBE
KIRSCH	_ _ ☐ _	BEIßER
GÄNSE	☐ _ _ _ _	HALS

Lösung: _____

© Springer-Verlag Berlin Heidelberg 2016
C. Reinbold, *Fetthenne, Moderlieschen, Warzenbeißer*,
DOI 10.1007/978-3-662-52817-4_41

42

Bio querbeet: von Krebsen bis zum Kleidungsstück (Buchstaben-Anzahl)

© Sunny studio / Fotolia

Trage die passenden Begriffe zu den folgenden acht Definitionen in das Raster ein. Die Buchstabenanzahl eines gefundenen Begriffs verrät dir, welcher Lösungsbuchstabe unten einzutragen ist (siehe Buchstabenschlüssel). Zum Beispiel „Ulna": 4 Buchstaben, ergibt also ein R.

Definitionen

(a) Kopf der Insekten, (b) Elle (lat.), (c) Unterkiefer der Gliederfüßer, (d) Mantel der Manteltiere, (e) Erbanlage, (f) Luftröhre, (g) die Hummeln (lat.), (h) Organismus, der von einem Parasiten befallen ist

Buchstaben-Schlüssel

3 Buchstaben = **C**, 4 Buchstaben = **R**, 5 Buchstaben = **U**
6 Buchstaben = **E**, 7 Buchstaben = **H**, 8 Buchstaben = **B**

	(a)	(b)	(c)	(d)	(e)	(f)	(g)	(h)	
		U							1
		L							2
		N							3
		A							4
		✕							5
		✕							6
		✕							7
		✕							8
		✕							9
Anzahl der Buchstaben		4							
Lösung	⇩	R ⇩	⇩	⇩	⇩	⇩	⇩	⇩	

© Springer-Verlag Berlin Heidelberg 2016
C. Reinbold, *Fetthenne, Moderlieschen, Warzenbeißer*,
DOI 10.1007/978-3-662-52817-4_42

43

Halloween (Gitterrätsel)

Die Toten kommen aus ihren Gräbern, Monster füllen die Straßen – und die Kinder freuen sich über Eimerladungen Süßes. Trage die gesuchten Begriffe in das Gitter ein. Die Buchstaben in den grauen Feldern ergeben – von oben nach unten gelesen – das Lösungswort.

(1) der Teil im vegetativen Nervensystem, der die Handlungsbereitschaft erhöht
(2) der „Mandelkern" im Kopf
(3) ein „Würmer-Salat" zu Halloween imitiert Individuen dieser Tierfamilie (lat.)
(4) die Dame auf dem Besen
(5) versuchte Angstminderung durch Pharmaka („Angstauflösung")
(6) spürbare, starke Aktivität unserer Blutpumpe (ugs.)
(7) wird im Körper bei Stress ausgeschüttet
(8) unersetzlich als nervliche Schaltzentrale; ein Hingucker als Halloween-Deko
(9) steigt im Körper bei Stress an (dt.)
(10) „vernetzte" tierische Auslöserin einer häufigen Phobie (dt.)
(11) das Symbol für Halloween schlechthin (ü = ue)

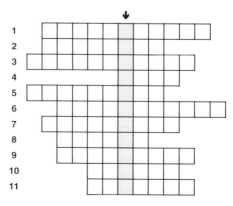

Lösung: _____

© Springer-Verlag Berlin Heidelberg 2016
C. Reinbold, *Fetthenne, Moderlieschen, Warzenbeißer*,
DOI 10.1007/978-3-662-52817-4_43

44

Evolution (Multiple Choice)

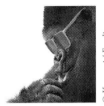

© Kagenmi / Fotolia

Wer sind wir? Woher kommen wir? Seit Menschengedenken stellen wir uns Fragen wie diese. Wertvolle Einblicke in unsere Abstammungsgeschichte gewährt die Evolutionsbiologie. Wähle die jeweils richtige Antwort aus und bilde das Lösungswort aus den erhaltenen Buchstaben.

1. Andere Bezeichnung für die Menschenartigen

(E) Homini (C) Homonaden (A) Hominiden

2. Begründer der Evolutionstheorie

(T) Darwin (V) Lamarck (H) Linné

3. Gesamtheit der genetischen Variationen einer Population

(O) Genom (A) Genpool (E) Gentopf

4. Der „Urvogel"

(R) *Pteranodon* (V) *Archaeopteryx* (P) *Erectus*

5. Merkmal mehrerer Arten, das auf einen (ihnen gemeinsamen) Ahnen zurückgeht

(I) Homologie (E) Analogie (U) Symmetrie

6. Nicht ausgestorben; heute lebend

(M) vivipar (R) rezessiv (S) rezent

7. Durch Umweltbedingungen erzwungene Veränderung und Anpassung

(T) Gendrift (M) Selektionsdruck (U) Radiation

8. Uneigennütziges Verhalten zum Wohle anderer

(E) Symbiose (U) Altruismus (O) Koevolution

9. Informationseinheit der kulturellen Evolution

(S) Mem (N) Erfahrung (L) Gen

Lösung: _____

© Springer-Verlag Berlin Heidelberg 2016
C. Reinbold, *Fetthenne, Moderlieschen, Warzenbeißer*,
DOI 10.1007/978-3-662-52817-4_44

45

Das Immunsystem (Silbenrätsel)

© DoraZett / Fotolia

Auch die kleinsten Angreifer müssen abgewehrt werden. Zum Glück besitzen wir ein raffiniertes Immunsystem! Finde die gesuchten Begriffe, indem du die Silben richtig miteinander kombinierst.

Die Silben

al – an – cy – cyt – e – fak – fung – gen – gie – imp – ko – kör – ler
leu – mak – per – pha – rhe – ro – ro – rus – ryth – sus – ten – ti – tor – vi

Hinweise

(1) Fresszellen
(2) weiße Blutkörperchen
(3) Partikel mit DNA oder RNA als Erbsubstanz
(4) Antigen der roten Blutkörperchen, das auch bei Rhesusaffen vorkommt
(5) Überreaktion des Immunsystems auf ein normalerweise harmloses Antigen
(6) rotes Blutkörperchen
(7) Immunisierung durch gezielte Übertragung eines Antigens
(8) Y-förmiges Immunglobulin, welches von Plasmazellen produziert wird

1. _____   5. _____
2. _____   6. _____
3. _____   7. _____
4. _____   8. _____

© Springer-Verlag Berlin Heidelberg 2016
C. Reinbold, *Fetthenne, Moderlieschen, Warzenbeißer*,
DOI 10.1007/978-3-662-52817-4_45

46

Bio-Sudoku 5

© Paulista / Fotolia

Ein Buchstaben-Sudoku wird wie ein gewöhnliches Sudoku gelöst. Der Unterschied: Statt mit den sonst verwendeten Zahlen von 1 bis 9 wird dieses Rätsel mit folgenden neun Buchstaben ausgefüllt: **X – O – F – I – N – R – E – L – S**

		4	R	6	F		I	8
I				S		E		
		9		N	L		F	
	S				5		O	3
E	1					R		F
		R	E			N		I
	L	N			2	7		
F		O	X		E			N
S		10	F	R		I		O

Lösung:

1	2	3	4	5	6	7	8	9	10

Tipp Das Lösungswort benennt eine unangenehme, jedoch sinnvolle Körperreaktion in der kalten Jahreszeit.

© Springer-Verlag Berlin Heidelberg 2016
C. Reinbold, *Fetthenne, Moderlieschen, Warzenbeißer,*
DOI 10.1007/978-3-662-52817-4_46

47

Schlangenrätsel 6

© photosvac / Fotolia

Im folgenden Buchstabenfeld hat sich wieder ein weiser Spruch eingeschlängelt. Der Anfangsbuchstabe (S), der Endbuchstabe (R), sowie zwei ganze Wörter (KATER, ER) sind grau markiert. Umlaute werden umgewandelt zu UE, AE und OE. Findest du die Wortschlange?

E	N	E	T	L	E	F	G	P	I	J	H	S
R	Y	T	M	K	S	L	M	D	R	I	W	R
N	L	G	D	B	Z	N	A	G	Y	A	U	E
U	I	L	J	P	I	K	K	B	U	F	O	T
R	V	A	T	E	R	N	M	L	J	K	I	A
N	K	G	D	Z	O	V	G	A	Q	V	H	K
A	H	N	N	A	C	H	T	S	B	P	S	N
H	I	K	M	I	P	N	H	A	U	F	D	E
R	E	D	T	H	R	F	I	L	X	A	D	N
O	D	K	G	U	M	M	Y	N	G	I	T	U
S	T	E	I	T	P	I	K	S	D	F	J	M

Lösung:

S _ _ _ _ _   _ _ _   _ _ _ _   _ _ _ _ _ _   _ _ _   _ _ _

K A T E R,   _ _ _ _   _ _ _ _   _ _ _ _ _ _   E R   _ _ _

_ _ _ _ R.

© Springer-Verlag Berlin Heidelberg 2016
C. Reinbold, *Fetthenne, Moderlieschen, Warzenbeißer*,
DOI 10.1007/978-3-662-52817-4_47

48

Der Beginn des Lebens (Suchrätsel)

© xalanx / Fotolia

Finde alle unten stehenden Begriffe im Suchrätsel. Die **verbleibenden** Buchstaben ergeben (Zeile für Zeile gelesen) das achtstellige Lösungswort.

Hinweis Die Begriffe sind von links nach rechts oder von oben nach unten zu lesen – nie diagonal oder rückwärts.

ACTIN – ALLELE – ATP – BLAUWAL – BOR – CAUDAL – CDNA – CELLULOSE – CESTODA – DENS – DNA – EPIDEMIE – HCV – HIV – KERN – LAC – MUS – TEMPERATUR – TENTAKEL – RADULA – RNA – RODENTIA – THC – ZINK – ZNS

T	K	A	C	T	I	N	K	B	O	R
E	P	I	D	E	M	I	E	L	A	C
M	D	E	N	M	U	S	R	A	C	E
P	N	I	A	H	I	V	N	U	E	S
E	A	C	A	U	D	A	L	W	L	T
R	O	D	E	N	T	I	A	A	L	O
A	M	E	B	R	N	A	L	L	U	D
T	E	N	T	A	K	E	L	A	L	A
U	H	S	Z	I	N	K	E	T	O	A
R	Z	N	S	H	C	V	L	H	S	T
N	R	A	D	U	L	A	E	C	E	P

Lösung: _____

© Springer-Verlag Berlin Heidelberg 2016
C. Reinbold, *Fetthenne, Moderlieschen, Warzenbeißer*,
DOI 10.1007/978-3-662-52817-4_48

49

Advent (Mittelworträtsel)

© Smileus / Fotolia

Suche in jeder Zeile das Wort, welches man links anfügen und rechts voran-
setzen kann, zum Beispiel PFERDE – **SCHLITTEN** – HUNDE (s. u.). Die
Buchstaben in den neun vorgegebenen Boxen ergeben – von oben nach unten
gelesen – das Lösungswort.

> **Tipp** In jeder Zeile findet sich etwas, das mit dem Winter zu tun hat.

WINTER	_ _ _ ☐ _ _	MOHN
REN	_ _ ☐ _	REICH
WEIHNACHTS	☐ _ _ _	SCHULE
ADVENTS	☐ _ _ _ _ _ _ _	BLATT
BACK	_ ☐ _ _ _ _	SCHNEE
PFERDE	_ ☐ _ _ _ _ _ _ _	HUNDE
PULVER	_ _ ☐ _ _ _	BALL
BRAT	_ _ ☐ _ _	SÄURE
WEIHNACHTS	_ _ _ _ _ ☐	SCHNUPPE

Lösung: _____

© Springer-Verlag Berlin Heidelberg 2016
C. Reinbold, *Fetthenne, Moderlieschen, Warzenbeißer*,
DOI 10.1007/978-3-662-52817-4_49

50

Proteine (Gitterrätsel)

© kkolosov / Fotolia

Proteine sind die Universalwerkstoffe unserer Zellen. Keine andere Molekülklasse übernimmt so vielfältige Aufgaben wie sie. Weißt du Bescheid über Proteine? Trage die gesuchten Begriffe in das Gitter ein. Die Buchstaben in den grauen Feldern ergeben – von oben nach unten gelesen – das Lösungswort.

(1) Makromoleküle, die aus einem Protein und einer oder mehreren daran gebundenen Kohlenhydratgruppen bestehen
(2) verbreitete Bezeichnung für ein Peptid mit bis zu zehn Aminosäuren
(3) Proteine, die die gesamte Phospholipidschicht einer Biomembran durchspannen heißen … – Proteine
(4) typische Muster von Aminosäureketten heißen α-Helix oder β-…
(5) die Aminosäure mit der Abkürzung „Trp"
(6) Aminosäuren sind verbunden über _____ – Bindungen
(7) Proteohormon, das den Blutzuckerspiegel sinken lässt

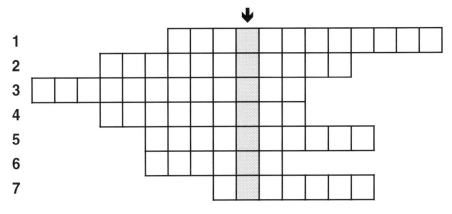

Lösung: _____

© Springer-Verlag Berlin Heidelberg 2016
C. Reinbold, *Fetthenne, Moderlieschen, Warzenbeißer*,
DOI 10.1007/978-3-662-52817-4_50

51

Verhaltensbiologie (Multiple Choice)

© grafikplusfoto / Fotolia

Woher weiß die Katze eigentlich, wie sie zu jagen hat? Was bedeutet es, instinktiv zu handeln? Wähle die jeweils richtige Antwort aus und bilde das Lösungswort aus den erhaltenen Buchstaben.

1. Was ist keine Phase einer Instinkthandlung?

(**E**) Appetenz (**C**) Reflex (**A**) Endhandlung

2. Voraussetzung zum Auslösen eines bestimmten Instinktverhaltens

(**L**) Initialreiz (**M**) Auslösereiz (**U**) Schlüsselreiz

3. Lernprozess, bei dem ein Reiz mit einer Reaktion verknüpft wird

(**R**) Konditionierung (**L**) Reflexierung (**P**) Evolution

4. Form des Lernens, bei der Erfahrungen in erbliche Verhaltensmuster eingebaut werden

(**A**) Prägung (**E**) Trauma (**I**) Doktorarbeit

5. Paarungssystem, bei dem ein Männchen mehrere Weibchen hat

(**I**) Monogamie (**E**) Polyandrie (**R**) Polygynie

6. Das Laubenvogel-Männchen schmückt seinen Balzplatz mit...

(**E**) blauen Gegenständen (**T**) seinen Federn (**S**) erbeuteten Schmetterlingen

Lösung: _____

© Springer-Verlag Berlin Heidelberg 2016
C. Reinbold, *Fetthenne, Moderlieschen, Warzenbeißer*,
DOI 10.1007/978-3-662-52817-4_51

52

Schlangenrätsel 7 – Essenzielle Aminosäuren

© ExQuisine / Fotolia

Du musst für die nächste Klausur die essenziellen Aminosäuren kennen? Im folgenden Feld hat sich ein Merksatz eingeschlängelt, der dich an alle acht erinnern wird. Der Anfangsbuchstabe (P) und der Endbuchstabe (E), sowie zwei ganze Wörter (ISOLDE, MITUNTER) sind markiert. Umlaute werden umgewandelt zu UE, AE und OE. Findest du die Wortschlange?

R	P	H	A	E	N	O	M	E	N	A	L	E	M	A
E	A	L	U	B	L	O	C	K	E	N	K	I	L	T
S	W	M	R	A	S	T	O	P	D	F	A	S	A	O
G	F	M	T	E	E	U	R	T	E	D	L	O	N	P
H	E	K	U	H	B	E	K	U	R	U	Q	X	Y	A
J	C	H	P	C	T	B	O	N	D	N	U	A	T	N
T	N	U	T	I	M	T	N	A	R	G	U	M	E	U
E	R	J	S	Y	A	E	S	D	A	C	E	F	T	M
R	Q	A	S	W	R	C	T	I	B	H	A	T	K	M
L	E	U	T	N	T	K	I	N	D	O	R	B	C	K
N	N	I	F	A	N	C	A	E	H	L	T	E	H	C
V	B	A	D	N	O	B	A	U	E	E	D	R	N	I
B	A	S	O	T	V	A	L	E	N	D	C	G	T	L
A	V	Z	R	H	U	R	H	U	T	N	A	X	W	B
Y	S	D	T	H	K	I	O	P	I	N	S	L	I	E

Lösung:

P _ _ _ _ _ _ _ _ _ _ _ _   I S O L D E _ _ _ _ _ _   M I T U N T E R _ _ _ _ _ _ _ _

_ _ _ _ _ _ _ _   _ _ _ _ _ _ _ _ _ _ _   _ _ _ _ _ E.

> **Tipp** Die acht essenziellen Aminosäuren sind (in der Reihenfolge des Merksatzes) **Phenylalanin, Isoleucin, Threonin, Methionin, Leucin, Valin, Lysin** und **Tryptophan**.

© Springer-Verlag Berlin Heidelberg 2016
C. Reinbold, *Fetthenne, Moderlieschen, Warzenbeißer*,
DOI 10.1007/978-3-662-52817-4_52

53

Lösungen

Rätsel 1 – Kuriose Artnamen 1 (Hälftenrätsel)

1E (Schwiegermutterzunge), 2A (Säufernase), 3C (Schachblume), 4 F (Guter Heinrich), 5D (Männertreu), 6B (Augentrost)

Rätsel 2 – Bio querbeet: vom Fisch zur Schnecke (Buchstaben-Anzahl)

	(a)	(b)	(c)	(d)	(e)	(f)	(g)	(h)	
	K	U	P	C	H	R	D	F	1
	I	L	R	O	I	A	I	R	2
	E	N	O	D	V	D	F	U	3
	M	A	S	O	✕	U	F	C	4
	E	✕	O	N	✕	L	U	H	5
	N	✕	M	✕	✕	A	S	T	6
	✕	✕	A	✕	✕	✕	I	✕	7
	✕	✕	✕	✕	✕	✕	O	✕	8
	✕	✕	✕	✕	✕	✕	N	✕	9
Anzahl der Buchstaben	6	4	7	5	3	6	9	6	
	⇩	⇩	⇩	⇩	⇩	⇩	⇩	⇩	
Lösung	A	M	Y	G	D	A	L	A	

© Springer-Verlag Berlin Heidelberg 2016
C. Reinbold, *Fetthenne, Moderlieschen, Warzenbeißer*,
DOI 10.1007/978-3-662-52817-4_53

Rätsel 3 – Kleiner Geschichtsexkurs (Gitterrätsel)

1			C	Y	**S**	T	E	I	N
2		G	O	O	D	**A**	L	L	
3	F	L	E	M	I	**N**	G		
4			C	N	I	**D**	A	R	I	A
5			R	E	**F**	L	E	X	
6		Z	O	O	**L**	O	G	I	E
7				L	**O**	R	E	N	Z
8		L	Y	M	P	**H**	O	C	Y	T

Lösung: SANDFLOH

Rätsel 4 – Bio-Sudoku 1

E	R	C	H	L	N	**M**$_1$	S	U
H$_5$	S	L	C	U	M	R	N	E
U	N	M	**E**$_6$	S	R	H	C	L
C	U	N	S	E	H	**L**$_7$	R	M
M	L	R	U	**N**$_8$	C	S	E	H
S	E	H	M	R	L	C	U	N
N	M	**U**$_2$	R	H	S	E	L	C
R	**C**$_4$	E	L	M	U	N	H	**S**$_3$
L	H	S	N	C	E	U	M	R

Lösung:

M$_1$	**U**$_2$	**S**$_3$	**C**$_4$	**H**$_5$	**E**$_6$	**L**$_7$	**N**$_8$

Rätsel 5 – Schlangenrätsel 1

E	F	G	M	R	T	U	C	S	W	B	G	H	J	K
Q	L	E	A	N	D	F	L	O	G	D	A	V	O	L
N	F	B	S	S	E	P	F	G	F	G	H	T	N	K
A	Y	E	V	B	G	T	D	M	E	U	L	M	O	I
C	H	N	R	T	D	F	N	G	Q	X	I	V	A	S
L	P	H	D	L	L	O	U	E	M	B	N	D	H	F
Z	R	E	I	S	S	R	R	M	U	K	P	W	Y	C
U	A	T	A	N	T	I	P	U	L	G	O	F	A	V
R	C	D	R	E	V	E	Z	L	B	R	U	Z	E	R
V	G	P	A	T	M	G	J	E	T	A	A	N	J	Q
T	S	M	E	H	I	D	U	M	S	T	E	I	I	L
W	X	O	N	D	E	E	I	L	R	N	T	T	H	Y
H	W	R	E	R	R	W	R	K	E	D	M	H	G	T
K	K	T	N	S	U	E	I	L	E	E	R	N	F	N
I	O	L	T	L	N	G	S	A	G	T	X	U	M	D

Lösung: LEBEN HEISST VERAENDERUNG, SAGTE DER STEIN ZUR BLUME UND FLOG DAVON.

Rätsel 6 – Glück muss man haben… (Mittelworträtsel)

FELD	HA**S**EN	PFOTE
BLAU	**ST**ERN	SCHNUPPE
MARIEN	KÄF**E**R	LARVE
GLÜCKS	P**I**LZ	GARTEN
GELD	REGE**N**	WALD
KLEE	**B**LATT	LAUS
LOS	T**O**PF	PFLANZE
LOTTO	S**C**HEIN	FRUCHT
SONNTAGS	**K**IND	CHENSCHEMA

Lösung: STEINBOCK

Rätsel 7 – Tägliche Nervensägen 1 (Hälftenrätsel)

1 D (Ringelnatter), 2 A (Moosjungfer), 3 C (Wasserspinne), 4 E (Sumpfschnecke), 5 B (Moderlieschen)

Rätsel 8 – Soziobiologie (Gitterrätsel)

							↓						
1				K	O	N	**K**	U	R	R	E	N	Z
2			E	I	F	E	R	**U**	C	H	T	
3	B	E	R	G	G	O	R	**I**	L	L	A	S
4				T	E	R	R	I	**T**	O	R	I	U	M
5				A	L	T	R	**U**	I	S	M	U	S
6				A	G	G	**R**	E	S	S	I	O	N

Lösung: KULTUR

Rätsel 9 – Ein langer Weg (Multiple Choice)
Lösung: GALLUS

Rätsel 10 – Für dich im Einsatz (Suchrätsel)

N	M	H	A	R	N	S	T	O	F	F
I	M	M	U	N	S	Y	S	T	E	M
T	A	A	S	F	L	E	C	H	T	E
R	L	I	G	A	M	E	N	T	T	T
O	A	S	E	Z	R	A	N	A	E	E
G	T	H	E	R	M	O	P	H	I	L
E	H	A	L	T	E	R	E	N	L	I
N	A	D	P	A	T	E	L	L	A	G
A	R	P	H	O	S	P	H	O	R	A
S	T	I	C	K	S	T	O	F	F	S
E	G	O	I	S	M	U	S	L	E	E

Lösung: MASTZELLE

Rätsel 11 – Schlangenrätsel 2

E	F	G	M	U	C	S	W	B	G	H	J	K
Q	**A**	U	C	H	L	O	G	D	A	V	O	L
N	F	B	S	E	F	G	F	G	H	T	M	K
A	Y	E	V	I	D	M	E	U	L	M	O	I
C	H	N	R	N	A	G	Q	X	I	V	A	S
U	A	T	A	I	F	U	L	G	O	F	A	V
T	S	M	E	D	F	M	S	T	B	A	U	**M**
W	X	O	A	F	E	L	R	N	M	T	H	Y
H	W	R	E	W	R	K	E	D	O	H	G	T
K	K	M	L	L	T	M	A	L	V	N	F	N
I	O	L	Y	G	S	A	G	T	X	U	M	D

Lösung: AUCH EIN AFFE FAELLT MAL VOM BAUM.

Rätsel 12 – Frühblüher (Mittelworträtsel)

FLIEDER	**B**USCH	WINDRÖSCHEN
LAUB	WA**L**D	VEILCHEN
WINTER	G**A**RTEN	TULPE
PFERDE	H**U**F	LATTICH
FAHRRAD	**S**CHLÜSSEL	BLUME
ARON	S**T**AB	HOCHSPRUNG
SAUER	KLE**E**	BLATT
WASCH	BÄ**R**	LAUCH
TIEF	SCH**N**EE	GLÖCKCHEN

Lösung: BLAUSTERN

Rätsel 13 – Genetik (Gitterrätsel)

	↓									
1			**G**	E	N					
2	A	L	L	**E**	L	E				
3		M	R	**N**	A					
4	C	O	D	**O**	N					
5	C	E	N	**T**	R	O	M	E	R	
6	K	A	R	**Y**	O	G	R	A	M	M
7	D	O	P	**P**	E	L	H	E	L	I	X

Lösung: GENOTYP

Rätsel 14 – Biologisch flirten 1 (Hälftenrätsel)
1E (Prachtkäfer), 2A (Schönschrecke), 3C (Herzmuschel), 4B (Nacktschnecke), 5D (Maiglöckchen)

Rätsel 15 – Kuriose Artnamen 2 (Hälftenrätsel)
1E (Geburtshelferkröte), 2F (Buchdrucker), 3D (Landkärtchen), 4A (Dickkopf), 5C (Ypsiloneule), 6B (Pillendreher)

Rätsel 16 – Bio-Sudoku 2

E	R	A	D	L	I	M$_5$	S	P
D$_7$	S	L	A	P	M	R	I	E
P	I	M	E$_8$	S	R	D	A	L
A	P	I	S	E	D	L$_2$	R	M
M	L	R	P	I$_6$	A	S	E	D
S	E	D	M	R	L	A	P	I
I	M	P$_1$	R	D	S	E	L	A
R	A$_3$	E	L	M	P	I	D	S$_4$
L	D	S	I	A	E	P	M	R

Lösung:

P$_1$	L$_2$	A$_3$	S$_4$	M$_5$	I$_6$	D$_7$	E$_8$

Rätsel 17 – Reine Nervensache (Multiple Choice)
Lösung: ERREGUNG

Rätsel 18 – Biologisch flirten 2 (Hälftenrätsel)
1C (Ringeltaube), 2E (Seerose), 3A (Königslibelle), 4D (Rotkehlchen), 5B (Goldhamster)

Rätsel 19 – Schmetterlinge (Mittelworträtsel)

MUTTER	**TAG**	PFAUENAUGE
KAISER	**MANTEL**	FLÄCHE
STAATS	**TRAUER**	MANTEL
SCHACH	**BRETT**	SPIEL
GRIECHEN	**LAND**	KÄRTCHEN
SONNEN	**SEGEL**	FALTER
KLEINER	**FUCHS**	BANDWURM
SILBER	**DISTEL**	FALTER
TRIEB	**FEDER**	GEISTCHEN
ROSEN	**KOHL**	WEISSLING

Lösung: TAUBNESSEL

Rätsel 20 – Fotosynthese (Silbenrätsel)
Lösungen: 1. Chlorophyll, 2. Autotrophie, 3. Stomata, 4. Kohlendioxid, 5. Assimilation, 6. Transpiration, 7. Absorption, 8. Rubisco

Rätsel 21 – Schlangenrätsel 3

E	L	R	F	N	T	S	T	E	H	T	D	Y
S	T	C	H	E	L	X	E	N	S	U	A	S
V	E	M	A	N	L	A	R	W	I	E	B	R
W	I	I	H	H	T	W	P	O	Q	C	R	E
B	G	A	K	A	O	R	D	H	U	X	B	N
R	T	D	R	H	N	E	I	L	G	U	A	A
O	H	E	D	N	E	C	L	K	I	V	R	W
V	F	R	T	K	D	G	S	A	E	D	O	H
A	Z	E	J	I	F	E	Q	U	P	N	S	C
Y	J	R	U	M	U	A	N	M	E	I	Z	B
N	N	P	E	L	A	U	W	S	N	S	C	O

Lösung: STEIGT DER ERPEL AUF DEN HAHN, ENTSTEHT DABEI WOHL KAUM EIN SCHWAN.

Rätsel 22 – Bio querbeet: vom Knochen zum Kern (Buchstaben-Anzahl)

	(a)	(b)	(c)	(d)	(e)	(f)	(g)	(h)	
	P	U	H	P	I	N	D	L	1
	A	L	E	O	O	U	N	I	2
	R	N	X	L	N	C	A	M	3
	A	A	O	Y		L		N	4
	S		S	P		E		I	5
	I		E			O		S	6
	T					L		C	7
						U		H	8
						S			9
Anzahl der Buchstaben	7	**4**	6	5	3	9	3	8	
	⇩	⇩	⇩	⇩	⇩	⇩	⇩	⇩	
Lösung	P	**H**	A	G	O	S	O	M	

Rätsel 23 – Bio-Sudoku 3

E	K	A	X	H	N	Y₅	R	P
X₇	R	H	A	P	Y	K	N	E
P	N	Y	E	R	K	X	A	H
A	P	N	R	E	X	H₂	K	Y
Y	H	K	P	N₆	A	R	E	X
R	E	X	Y	K	H	A	P	N
N	Y	P₁	K	X	R	E	H	A
K	A₃	E	H	Y	P	N	X	R₄
H	X	R	N	A	E	P	Y	K

Lösung:

P₁	H₂	A₃	R₄	Y₅	N₆	X₇

Rätsel 24 – Katzen (Multiple Choice)
Lösung: LUFTRÖHRE

Rätsel 25 –Sommerrätsel (Suchrätsel)

M	I	K	R	O	S	K	O	P	S	O
S	I	N	N	E	S	O	R	G	A	N
A	R	M	E	H	A	M	M	E	R	P
E	I	F	O	M	E	P	F	A	U	H
U	S	O	P	C	I	L	I	E	R	E
G	A	R	H	M	Y	E	L	I	N	R
E	C	E	Y	A	B	X	A	S	T	O
T	O	L	T	R	H	A	N	D	E	M
I	R	L	A	T	Z	U	N	G	E	O
E	N	E	I	O	N	G	I	F	T	N
R	D	M	O	R	G	E	N	T	A	U

Lösung: SOMMERABEND

Rätsel 26 – Ameisen (Gitterrätsel)

1				K	O	M	**P**	L	E	X	A	U	G	E
2			E	U	S	O	Z	**I**	A	L				
3		S	T	R	I	D	U	**L**	A	T	I	O	N	
4			H	O	C	H	**Z**	E	I	T	S	F	L	U	G
5	A	M	E	I	S	E	N	**G**	A	E	S	T	E	
6	M	E	S	O	S	O	M	**A**						
7				P	H	E	**R**	O	M	O	N	E		
8				K	A	S	**T**	E	N					
9				O	C	**E**	L	L	I					
10			E	M	S	E	**N**							

Lösung: PILZGARTEN

Rätsel 27 – Kuriose Artnamen 3 (Hältenrätsel)
1C (Schwiegermuttersitz), 2E (Igelkolben), 3A (Pestwurz), 4B (Fetthenne), 5D (Pfaffenhütchen), 6F (Rühr-mich-nicht-an)

Rätsel 28 – Die Kreuzspinne (Silbenrätsel)
Lösungen: Eintagsfliege, Stubenfliege, Wespe, Schmetterling, Heuschrecke, Biene, Hummel, Schnake

Rätsel 29 – Schlangenrätsel 4 – Ameisennahrung

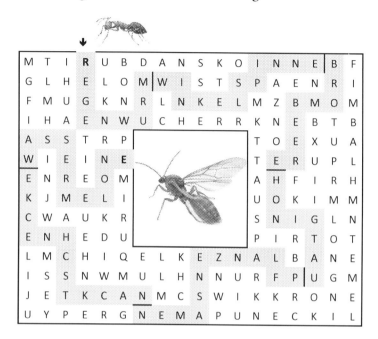

```
M T I R U B D A N S K O I N N E B F
G L H E L O M W I S T S P A E N R I
F M U G K N R L N K E L M Z B M O M
I H A E N W U C H E R R K N E B T B
A S S T R P                 T O E X U A
W I E I N E                 T E R U P L
E N R E O M                 A H F I R H
K J M E L I                 U O K I M M
C W A U K R                 S N I G L N
E N H E D U                 P I R T O T
L M C H I Q E L K E Z N A L B A N E
I S S N W M U L H N N U R F P U G M
J E T K C A N M C S W I K K R O N E
U Y P E R G N E M A P U N E C K I L
```

Lösung: REGENWURM, WINKELSPINNE, BROMBEERE, HONIGTAU, PFLANZENSAMEN, NACKTSCHNECKE, WASSERMELONE

Rätsel 30 – Gefährliche Biologie (Gitterrätsel)

					L	Ö	**W**	E			
2		R	E	V	O	L	V	**E**	R	G	E	B	I	S	S
3						R	I	**S**	E	N	-
4		E	L	E	K	T	R	O	**P**	L	A	X
5	B	O	M	B	A	R	D	I	**E**	R	K	Ä	F	E	R
6					R	I	Z	I	**N**

Lösung: WESPEN

Rätsel 31 – Wabenrätsel

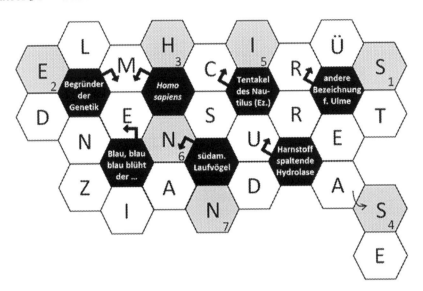

Lösung: SEHSINN

Rätsel 32 – Früchte (Gitterrätsel)

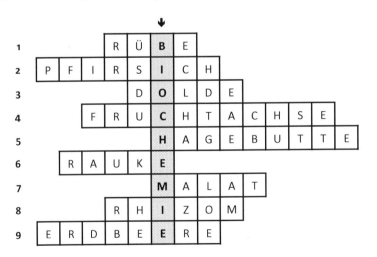

Lösung: BIOCHEMIE

Rätsel 33 – Fußball (Mittelworträtsel)

RHESUS	**AFFEN**	HITZE
GREIF	**HAND**	SPIEL
WILD	**SCHWEIN**	STEIGER
ELF	**METER**	MAß
HECHT	**SPRUNG**	GELENK
FUSSBALL	**LEDER**	HAUT
DEUTSCH	**LAND**	SCHILDKRÖTEN
K.O.-	**SYSTEM**	WETTE

Lösung: FAIRPLAY

Rätsel 34 – Let's talk about… (Multiple Choice)
Lösung: SPERLING

Rätsel 35 – Schlangenrätsel 5

E	F	G	M	U	C	S	W	B	G	H	J	K
H	A	H	M	U	N	G	D	D	A	V	O	L
C	F	B	S	F	F	G	E	G	H	T	M	K
A	Y	E	V	A	D	M	R	N	L	M	O	I
N	H	N	R	J	B	G	Q	A	I	V	A	S
T	A	T	A	I	L	U	L	T	O	F	A	V
S	I	T	S	D	L	M	S	U	R	I	S	T
W	X	O	N	F	J	L	R	N	H	T	H	Y
H	W	R	U	W	R	K	E	D	A	H	G	T
K	K	M	K	T	V	I	E	R	G	N	F	N
A	L	L	E	G	S	A	M	T	L	O	M	D

Lösung: ALLE KUNST IST NACHAHMUNG DER NATUR.

Rätsel 36 – Kuriose Artnamen 4 (Hälftenrätsel)

1F (Ziegenmelker), 2C (Plattbauch), 3A (C-Falter), 4D (Raubwürger), 5B (Warzenbeißer), 6E (Wendehals)

Rätsel 37 – Zellbiologie (Silbenrätsel)

1		H	A	P	L	**O**	I	D			
2	C	H	R	O	M	O	**S**	O	M		
3		Z	E	L	L	**M**	E	M	B	R	A	N
4	M	I	T	O	C	H	**O**	N	D	R	I	E	N
5		M	I	T	O	**S**	E				
6		I	N	T	E	**R**	P	H	A	S	E

Lösung: OSMOSE

Rätsel 38 – Bio-Sudoku 4

Y	C	L	T	E	A₁₀	O₂	H	P
P	E₈	T	O	C	H	A	L	Y
H	O	A	P	Y	L	C	E	T
C	L₃	P	A	O	E	Y	T	H₆
T₉	Y	H	L	P₁	C	E	A	O
O	A	E	H	T	Y	P	C	L
E	T	C	Y	H	P	L	O	A
L	H	Y₄	E	A₇	O	T	P	C₅
A	P	O	C	L	T	H	Y	E

Lösung:

P₁	O₂	L₃	Y₄	C₅	H₆	A₇	E₈	T₉	A₁₀

Rätsel 39 – Tägliche Nervensägen 2 (Hälftenrätsel)
1C (Muschelmilbe), 2A (Steinbeißer), 3B (Neunauge), 4E (Fetthenne), 5D (Mistkäfer)

Rätsel 40 – Der Herbst (Suchrätsel)

J	H	O	D	G	K	I	N	P	B	A
E	Y	C	A	M	A	D	A	R	K	T
T	L	A	C	H	S	I	N	A	O	P
Z	A	P	O	P	T	O	S	E	L	N
T	L	E	N	G	A	T	L	G	K	E
M	Y	O	S	I	N	Y	D	U	R	O
E	D	W	T	U	I	P	H	N	A	T
N	P	R	O	T	E	I	N	G	B	E
S	R	N	E	U	N	A	U	G	E	N
C	M	A	R	L	E	R	N	E	N	I
H	Y	D	R	O	P	H	O	B	I	E

Lösung: BANDWURM

Rätsel 41 – Vögel (Mittelworträtsel)

EIS	**VOGEL**	HAUS
WEIß	**KOHL**	MEISE
NACHTI	**GALL**	WESPE
HONIG	**BIENEN**	FRESSER
KÖNIGS	**BLAU**	MEISE
TIEF	**SCHNEE**	EULE
SPRINGER	**BUCH**	FINK
FLUSS	**UFER**	SCHWALBE
KIRSCH	**KERN**	BEIßER
GÄNSE	**GEIER**	HALS

Lösung: VOGELSBERG

Rätsel 42 – Bio querbeet: von Krebsen bis zum Kleidungsstück (Buchstaben-Anzahl)

	(a)	(b)	(c)	(d)	(e)	(f)	(g)	(h)	
	C	U	M	T	G	T	B	W	1
	A	L	A	U	E	R	O	I	2
	P	N	X	N	N	A	M	R	3
	U	A	I	I		C	B	T	4
	T		L	C		H	U		5
			L	A		E	S		6
			E			A			7
			N						8
									9
Anzahl der Buchstaben	5	**4**	8	6	3	7	6	4	
	⇩	⇩	⇩	⇩	⇩	⇩	⇩	⇩	
Lösung	U	**R**	B	E	C	H	E	R	

Rätsel 43 – Halloween (Gitterrätsel)

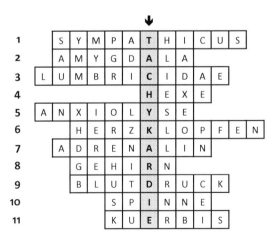

Lösung: TACHYKARDIE

Rätsel 44 – Evolution (Multiple Choice)
Lösung: ATAVISMUS

Rätsel 45– Das Immunsystem (Silbenrätsel)
Lösungen: 1. Makrophagen, 2. Leukocyten, 3. Virus, 4. Rhesusfaktor, 5. Allergie, 6. Erythrocyt, 7. Impfung, 8. Antikörper

Rätsel 46 – Bio-Sudoku 5

N	X	S$_4$	R	E$_6$	F	O	I	L$_8$
I	F	L	O	S	X	E	N	R
O	R	E$_9$	I	N	L	X	F	S
X	S	F	N	I	R$_5$	L	O	E$_3$
E	N$_1$	I	L	X	O	R	S	F
L	O	R	E	F	S	N	X	I
R	L	N	S	O	I$_2$	F$_7$	E	X
F	I	O	X	L	E	S	R	N
S	E	X$_{10}$	F	R	N	I	L	O

Lösung:

N$_1$	I$_2$	E$_3$	S$_4$	R$_5$	E$_6$	F$_7$	L$_8$	E$_9$	X$_{10}$

Rätsel 47 – Schlangenrätsel 6

E	N	E	T	L	E	F	G	P	I	J	H	S
R	Y	T	M	K	S	L	M	D	R	I	W	R
N	L	G	D	B	Z	N	A	G	Y	A	U	E
U	I	L	J	P	I	K	K	B	U	F	O	T
R	V	A	T	E	R	N	M	L	J	K	I	A
N	K	G	D	Z	O	V	G	A	Q	V	H	K
A	H	N	N	A	C	H	T	S	B	P	S	N
H	I	K	M	I	P	N	H	A	U	F	D	E
R	E	D	T	H	R	F	I	L	X	A	D	N
O	D	K	G	U	M	M	Y	N	G	I	T	U
S	T	E	I	T	P	I	K	S	D	F	J	M

Lösung: STEIGT DER HAHN NACHTS AUF DEN KATER, WIRD GANZ SELTEN ER NUR VATER.

Rätsel 48– Der Beginn des Lebens (Suchrätsel)

T	K	A	C	T	I	N	K	B	O	R
E	P	I	D	E	M	I	E	L	A	C
M	D	E	N	M	U	S	R	A	C	E
P	N	I	A	H	I	V	N	U	E	S
E	A	C	A	U	D	A	L	W	L	T
R	O	D	E	N	T	I	A	A	L	O
A	M	E	B	R	N	A	L	L	U	D
T	E	N	T	A	K	E	L	A	L	A
U	H	S	Z	I	N	K	E	T	O	A
R	Z	N	S	H	C	V	L	H	S	T
N	R	A	D	U	L	A	E	C	E	P

Lösung: KEIMBAHN

Rätsel 49 – Advent (Mittelworträtsel)

WINTER	SCHLAF	MOHN
REN	TIER	REICH
WEIHNACHTS	BAUM	SCHULE
ADVENTS	KALENDER	BLATT
BACK	PULVER	SCHNEE
PFERDE	SCHLITTEN	HUNDE
PULVER	SCHNEE	BALL
BRAT	APFEL	SÄURE
WEIHNACHTS	STERN	SCHNUPPE

Lösung: LEBKUCHEN

Rätsel 50 – Proteine (Gitterrätsel)

							↓						
1				G	L	Y	**K**	O	P	R	O	T	E	I	N
2			O	L	I	G	O	P	**E**	P	T	I	D
3	T	R	A	N	S	M	E	M	B	**R**	A	N	-
4			F	A	L	T	B	L	**A**	T	T
5				T	R	Y	P	**T**	O	P	H	A	N
6			P	E	P	T	**I**	D	-
7				I	**N**	S	U	L	I	N

Lösung: KERATIN

Rätsel 51 – Verhaltensbiologie (Multiple Choice)
Lösung: CURARE

Rätsel 52 – Schlangenrätsel 7 – Essenzielle Aminosäuren

R	**P**	**H**	**A**	**E**	**N**	**O**	**M**	**E**	**N**	**A**	**L**	E	M	A
E	A	L	U	B	L	O	C	K	E	N	K	**I**	L	T
S	W	M	R	A	S	T	O	P	D	F	A	**S**	A	O
G	F	M	T	E	**E**	**U**	**R**	**T**	**E**	**D**	**L**	**O**	N	P
H	E	K	U	H	**B**	E	K	U	R	U	Q	**X**	Y	A
J	C	H	P	C	**T**	B	O	N	D	N	U	**A**	T	N
T	**N**	**U**	**T**	**I**	**M**	T	N	A	R	G	U	**M**	**E**	U
E	R	J	S	Y	A	E	S	D	A	C	**E**	F	T	M
R	Q	A	S	W	R	C	T	I	B	H	**A**	T	K	M
L	**E**	**U**	**T**	N	T	K	I	N	D	O	**R**	B	C	K
N	N	I	F	A	N	C	A	E	H	L	**T**	**E**	H	C
V	B	A	D	**N**	O	B	A	U	E	E	D	R	N	I
B	A	S	O	**T**	**V**	**A**	**L**	**E**	**N**	D	C	G	T	L
A	V	Z	R	H	U	R	H	U	T	N	A	X	W	B
Y	S	D	T	H	K	I	O	P	**I**	**N**	**S**	**L**	**I**	E

Lösung: PHAENOMENALE ISOLDE TRUEBT MITUNTER LEUT-
NANT VALENTINS LIEBLICHE TRAEUME.

 Springer

Willkommen zu den Springer Alerts

Jetzt anmelden!

* Unser Neuerscheinungs-Service für Sie:
  aktuell *** kostenlos *** passgenau *** flexibel

Springer veröffentlicht mehr als 5.500 wissenschaftliche Bücher jährlich in gedruckter Form. Mehr als 2.200 englischsprachige Zeitschriften und mehr als 120.000 eBooks und Referenzwerke sind auf unserer Online Plattform SpringerLink verfügbar. Seit seiner Gründung 1842 arbeitet Springer weltweit mit den hervorragendsten und anerkanntesten Wissenschaftlern zusammen, eine Partnerschaft, die auf Offenheit und gegenseitigem Vertrauen beruht.

Die SpringerAlerts sind der beste Weg, um über Neuentwicklungen im eigenen Fachgebiet auf dem Laufenden zu sein. Sie sind der/die Erste, der/die über neu erschienene Bücher informiert ist oder das Inhaltsverzeichnis des neuesten Zeitschriftenheftes erhält. Unser Service ist kostenlos, schnell und vor allem flexibel. Passen Sie die SpringerAlerts genau an Ihre Interessen und Ihren Bedarf an, um nur diejenigen Information zu erhalten, die Sie wirklich benötigen.

Mehr Infos unter: springer.com/alert

 Springer Spektrum   springer-spektrum.de

Topfit für das Biologiestudium

Erstklassige Lehrbücher unter springer-spektrum.de

Printed in the United States
By Bookmasters